LEÇONS

SUR LES

ANIMAUX UTILES

ET NUISIBLES

SAINT-AMAND (CHER). — IMPRIMERIE BUSSIÈRE FRÈRES

LEÇONS

SUR LES

ANIMAUX UTILES

ET NUISIBLES

LES BÊTES CALOMNIÉES

ET MAL JUGÉES

PAR LE PROFESSEUR CARL VOGT

TRADUITES DE L'ALLEMAND PAR **M. G. BAYVET**

Revues par l'Auteur

ET ACCOMPAGNÉES DE GRAVURES SUR BOIS

Quatrième Édition

Ouvrage couronné par la Société Protectrice des Animaux

PARIS

LIBRAIRIE C. REINWALD

SCHLEICHER FRÈRES, ÉDITEURS

15, RUE DES SAINTS-PÈRES, 15

1897

Tous droits réservés

PRÉFACE

DE LA PREMIÈRE ÉDITION

Depuis une dizaine d'années notre petite république de Genève possède des cours publics libres. Ce ne sont pas, comme ailleurs, de simples séances où l'on aborde un sujet nécessairement restreint et qui, trop souvent, dégénèrent en joutes oratoires ou littéraires. Les autorités de Genève ont offert au public des séries de conférences, de huit à dix leçons chacune, qui ont lieu pendant toute la durée de l'hiver. Cela permet au professeur d'embrasser un sujet plus vaste et d'étudier avec quelques développements une branche entière de la science. Ces cours libres sont devenus maintenant un élément important du mouvement littéraire et scientifique de Genève. La population entière ne saurait plus s'en passer sans regret, et chaque soir, pendant les mois d'hiver, on voit se presser, sur les bancs de la salle du Grand-Conseil, un public nombreux, recruté dans toutes les classes de la société ; il suit avec intérêt les professeurs qui viennent tour à tour l'entretenir d'histoire, de politique, de littérature, d'arts et de sciences exactes.

C'est dans cette salle du Grand-Conseil que, dans l'hiver de 1860-61, je fis sur les animaux utiles et nuisibles, les bêtes calomniées et mal jugées, quelques leçons que je fis paraître en allemand, de 1861 à 1864, dans une revue très répandue en Allemagne : *Die Gartenlaube* (« La Chaumière »). Depuis je les ai réunies en un petit volume où j'ai remplacé en partie par des gravures sur bois les grands tableaux dont je me sers ordinairement pour les conférences publiques. Telle est l'histoire de ces leçons dont M. G. Bayvet et M. Reinwald ont voulu donner une édition française.

Je ne pouvais pas songer à présenter dans un cadre aussi restreint un traité complet sur la matière.

D'ailleurs chaque pays possède sur ce sujet d'excellents livres remplis d'observations bien

faites, de renseignements exacts et de descrip-
tions détaillées. Les journaux politiques, scienti-
fiques et littéraires publient journellement des
articles sur de semblables sujets. Mais ces livres,
ces articles ne sont faits en général que pour les
personnes familiarisées avec le langage scientifique, ou pour des gens de métier, des forestiers,
par exemple, auxquels cela présente un intérêt
spécial.

J'ai voulu appeler l'attention des petits propriétaires, des horticulteurs et des agriculteurs
sur un terrain fertile en observations. Ici chacun
peut apporter sa part d'études ; il suffit d'un peu
de patience et d'application pour recueillir des
faits curieux, combler des lacunes dans la science
et avancer même le bien matériel de tous en faisant connaître les mœurs et le genre de vie de
ces petits amis et ennemis de l'économie humaine
avec lesquels nous sommes en contact continuel.
Chacun pourra faire de ces observations ; — il
suffit d'avoir quelques moments de loisir, un jardin, un champ, une vigne, ou seulement quelques
pots de fleurs sous la main. Ceux qui auront une
fois goûté le charme d'une semblable occupation

continueront, j'en suis sûr, séduits par les jouis-
sances tranquilles qu'elle procure.

Au moment où j'écris ces lignes, la nature se
réveille pour une vie nouvelle. Les bourgeons des
poiriers et des pommiers commencent à s'épa-
nouir. « Je crains bien, me dit le jardinier, que
Monsieur n'ait pas beaucoup de pommes, cette
année. » « Et pourquoi cela, mon brave? » « Parce
que les fleurs commencent à se brûler. Le soleil
était trop chaud hier avant l'orage. Voyez vous-
même ! » Et il me montre des boutons de fleurs
dont les enveloppes extérieures commencent à se
crisper, tandis que quelques-uns des bourgeons
prennent une teinte jaunâtre. Je regarde attentivement le pommier nain dont nous nous sommes
approchés. « Ah ! brigand, je te tiens ! » et au
moyen d'une petite pince, que je porte toujours
sur moi, je retire un petit charançon gris-brun,
long tout au plus de trois millimètres, qui se tenait caché sous une écaille soulevée de l'écorce.
« Voilà, dis-je au jardinier, un des malfaiteurs.
C'est le charançon des pommiers. Ces bourgeons
rasés au bout sont son ouvrage, et, si vous voulez
voir son œuf, je vous le montrerai dans ce bouton

de fleur, troué près de la tige et qui commence à jaunir. » Le jardinier fait une figure incrédule. J'écarte avec ma pince les feuilles crispées qui enveloppent les fleurs et j'en retire quelques petites chenilles, les unes vertes à tête noire, les autres d'un rouge brun, qui se démènent sur ma main comme des diables dans un bénitier et cherchent à se sauver en se laissant tomber pendues à un mince fil. En fouillant entre les fleurs je retire peut-être une demi-douzaine de ces chenilles, longues à peine de trois millimètres et grosses comme un fil. « Voilà, dis-je au jardinier, les autres ennemis de nos pommiers. Ce sont des chenilles tordeuses que vous verrez grandir aux dépens des fleurs qu'elles sont en train de dévorer. Croyez-vous encore que ce soit le soleil qui les brûle ? » « Ah ! Monsieur, me répond le jardinier, mon ancien maître m'avait toujours dit que rien n'était plus pernicieux pour les fleurs que de fouiller les bourgeons comme vous le faites. Maintenant je vois que j'avais tort. Maudites chenilles ! Être si petites et faire déjà tant de mal ! Mais que faire pour arrêter leurs ravages ? » « Laissez seulement agir mes garçons, lui répondis-je. L'un s'occupe d'une collection de coléoptères, l'autre élève des chenilles pour en avoir les papillons. Dans leurs moments de loisir, ils vous aideront à chercher les malfaiteurs. Si, au lieu de les chasser du jardin, vous stimulez leur ardeur, vous en verrez les bons effets. » « Monsieur, répond le jardinier tout ébahi, Monsieur pourrait bien me prêter une pince comme il en a une, je saurai m'en servir. »

J'espère que beaucoup de mes pommes seront sauvées, et que bien des lecteurs de mon petit livre pourront trouver profit à le lire.

Genève, ce 15 mars 1867.

C. VOGT.

PRÉFACE

DE LA TROISIÈME ÉDITION

———

J'ai fait les corrections nécessaires et j'ai ajouté les données nouvelles, que nous ont fournies l'observation et l'expérience depuis le temps où la première édition a paru. Puisse ce petit livre continuer à rendre des services aux cultivateurs ! C'est tout ce que je souhaite.

C. VOGT.

Genève, ce 1er décembre 1882.

PREMIÈRE LEÇON

Idées fausses sur les animaux nuisibles. — Circonscription
du sujet. — Difficultés de l'observation. — Ordre des matières. — Moyens de préservation et de destruction. —
Mammifères insectivores. — Chauves-souris, Taupes, Musaraignes, Hérissons.

Messieurs !

Il y a plus de dix ans, à Nice, un abbé de mes
amis me pria d'examiner les épouvantables ravages
commis dans un grand champ d'artichauts par une
armée de chenilles. Nous trouvâmes le propriétaire
et tous les siens désespérés ; la moitié de la récolte
d'un champ, qui avait au moins un hectare et demi,
était déjà perdue sans remède. A sa couleur brun-
grisâtre et à ses épines blanches et rameuses, je re-
connus, au premier coup d'œil, la chenille du chardon ou de la belle-dame (*Vanessa cardui*), que,
dans ma jeunesse, j'avais souvent élevée.

Un fossé à sec coupait le champ en deux ; d'un
côté, il ne restait plus que les tiges des artichauts
flétris couvertes de milliers de chenilles qui man-
geaient avec avidité. Les chenilles n'avaient pas encore traversé le fossé ; je conseillai de le remplir

1

d'eau pour arrêter les progrès de la dévastation, et de se mettre à détruire cette vermine dans la partie attaquée.

Le cultivateur me répondit, en levant les épaules, qu'on ne pouvait rien imaginer de plus insensé ; que, huit jours avant, par un fort vent du sud, les chenilles étaient venues d'Afrique par-dessus la mer sous la forme de tout petits vers, et qu'ayant traversé la Méditerranée, elles ne se laisseraient pas arrêter par un fossé plein d'eau et large de quelques pieds seulement. Je me donnai une peine inutile pour faire comprendre à cet homme le rapport existant entre ces chenilles et quelques papillons affaiblis qui voltigeaient çà et là. Il s'obstina à leur attribuer une origine africaine, soutint que l'eau ne pouvait pas arrêter leurs ravages, fit dire quelques messes contre ce fléau diabolique, et vit dévaster la seconde moitié de son champ avec la tranquille résignation du chrétien crédule qui souffre sans employer aucun moyen de préservation.

Je dois avouer que cet exemple éveilla mon attention. L'ignorance des paysans italiens est sans doute déplorable ; mais nous qui nous flattons d'être plus civilisés, pouvons-nous lever fièrement la tête devant ce Niçard ? N'y a-t-il pas dans le peuple, et même chez les personnes instruites, d'insurmontables préjugés ? Le paysan qui cloue à sa porte une buse ou un hibou et qui paye au taupier quelques sous par taupe prise, ne se cause-t-il pas un dommage direct en tuant l'ennemi de ses ennemis, tandis que l'Italien se contente d'invoquer contre un mal actif un secours impuissant qu'il croit efficace dans sa naïve crédulité ?

En voulant parler ici des animaux nuisibles et utiles, des bêtes méconnues et mal jugées, je prends la question dans le sens exclusif de l'égoïsme économique et humain, sans me préoccuper de la grande question du bien et du mal dans la nature. Je me borne aux rapports des animaux avec l'homme, que je reconnais, de fait, le tyran absolu de la création, et je dis : Les ennemis de nos ennemis sont nos amis — les amis de nos ennemis sont nos ennemis — les amis de nos amis sont nos amis — comme nous l'apprend le vieux proverbe français. Tout ce qui nous est opposé nous est nuisible, tout ce qui nous prête directement ou indirectement secours pour la destruction de nos ennemis nous est utile.

Je dois attirer l'attention sur ce dernier point. La nature véritable est dans un état réel de guerre ; pour exister, chaque être livre un combat incessant contre des ennemis et des concurrents auxquels, par moments, l'hiver impose une halte qu'on peut appeler la trêve des saisons. Quand nous parlons de paix dans la nature, nous ne faisons que reporter en elle nos sentiments du moment, et nous nous abandonnons à des illusions motivées par la disposition de notre esprit. Nous aimons à nous coucher tranquillement dans le frais gazon de la forêt, au bord du ruisseau qui murmure ou dans la mousse épaisse, et nous sommes alors portés à chanter dans notre cœur un dithyrambe pour célébrer la paix de la nature. Et cependant tout autour de nous, dans l'air, dans le gazon, dans la terre et dans l'eau, la mort veille, et tous les animaux grands et petits dont nous suivons avec plaisir les mouvements se font une guerre perpétuelle pour soutenir leur propre existence. Voyez ce petit oiseau qui sautille si gracieusement de branche en branche et qui, par instants, s'arrête pour gazouiller; il semble se livrer à des occupations paisibles, et cependant il nourrit des pensées de meurtre contre les mouches qui se chauffent au soleil sur les feuilles des arbres. Le pic que vous entendez cogner au loin, par ses coups, fait sortir des insectes ou des larves pour son dîner. Cette jolie guêpe svelte à ailes vibrantes, l'ichneumon qui volète de fleur en fleur, cherche une malheureuse victime pour la transpercer de son aiguillon. Au milieu des travaux et des soins auxquels il se livre pour soutenir sa propre existence aux dépens des autres créatures, l'homme est entouré de combats; non seulement il accepte tout être qui est son allié, cette alliance fût-elle le fruit d'un calcul égoïste, mais il le protège et le respecte sans réfléchir aux autres qualités morales, qu'il pourrait quelquefois trouver chez son allié. Est-ce que l'ibis honoré par les anciens Égyptiens, est-ce que la cigogne et l'hirondelle protégées en Allemagne et en Suisse, est-ce que ces utiles animaux se nourrissant exclusivement de bêtes vivantes sont moins cruels que les faucons que nous poursuivons de toutes les façons ? Il est vrai qu'il y a une différence ! Les uns ne mangent que des bêtes immondes, nuisibles ou incommodes, tandis que les autres dévorent des animaux que nous nous proposons de manger nous-mêmes !

Je limite donc l'objet de ces leçons aux animaux utiles ou nuisibles à l'homme. Il faut même circonscrire plus étroitement mon sujet, car il dépasserait de beaucoup les courts instants qui nous sont accordés. Je mets de côté les animaux parasites de toutes espèces et les bêtes domestiques ; je ne m'occupe pas du gibier ; je laisse les animaux qui vivent principalement dans les bois aux forestiers qui, par leurs fonctions, s'en occupent nécessairement. Je n'examine que les êtres présentant un intérêt majeur pour l'agriculture et le jardinage.

Même dans de si étroites limites, le sujet est extrêmement vaste et permet à notre fantaisie toutes sortes de développements.

Dans l'espace de quelques leçons il est impossible de nommer et de caractériser en peu de mots tous les amis et ennemis, grands et petits, de l'agriculture. Je suis donc forcé de faire un choix, qui m'est dicté par la situation spéciale de l'Europe centrale et plus particulièrement par quelques considérations de justice.

Il en est du monde animal comme de la société humaine : certains animaux valent mieux que leur réputation ; d'autres sont à tort estimés et protégés, et ne méritent ni les soins ni le respect que l'homme leur accorde.

J'insisterai particulièrement sur les animaux méconnus et calomniés qu'on méprise sans raison, qu'on poursuit à tort par suite de leur vie secrète et nocturne, de leur vilaine apparence, de leur odeur désagréable ou même à cause de vieilles légendes menteuses, de fables étrangères, qui se perpétuent chez nous ; je chercherai à combattre également la réputation usurpée de bonté que d'autres bêtes ont eu la chance de se faire donner sans raison.

Malgré toutes les instructions qui ont été publiées depuis quelques dizaines d'années, il reste encore un champ assez vaste pour celui qui cherche à faire pénétrer dans le peuple la connaissance des faits recueillis par la science. C'est pour cela que j'attache plus de prix à éveiller l'attention de mes lecteurs, à leur inspirer le désir d'observer, qu'à leur communiquer ce qui a déjà été observé.

Celui qui a appris une fois à connaître combien il y a de charme à étudier la vie et les habitudes de ces petits êtres qui circulent dans nos champs et nos jardins aura de la peine à s'arracher à cette occupation, quoiqu'elle présente des difficultés et demande beaucoup de temps. La patience est ici la première qualité dont l'observateur doit s'armer ; de la patience pour contempler pendant des heures, immobile, en plein soleil, les infatigables mouvements d'un insecte qui bourdonne en tout sens ; de la patience pour ne pas déranger, en le regardant à la loupe, le coléoptère qui cherche à introduire son œuf dans le sein d'une plante ; de la patience et de la critique dans l'observation, car, en négligeant certaines circonstances peu importantes en apparence, on peut arriver à un résultat contraire à la réalité. L'attention la plus scrupuleuse de la part de l'observateur ne peut pas toujours éviter de semblables fautes qui viennent du manque de connaissances suffisantes en histoire naturelle. Citons un exemple.

Un jardinier soigneux trouve, sur une certaine plante qui lui est chère, des excroissances, des galles, habitées par des larves sous forme de vers. Pour apprendre à connaître le mal dans son origine, il soigne ces galles jusqu'à la transformation et l'éclosion des vers, et à la fin il a la joie de voir sortir des chrysalides une jolie petite guêpe couleur d'or. Y a-t-il une conclusion plus naturelle que celle-ci : Cette guêpe, par sa piqûre, a déterminé l'excroissance où elle a introduit ses œufs, pour qu'ils s'y transformassent en vers et en chrysalides. Cependant, la conclusion est fausse dans ce cas spécial. La guêpe qu'on a élevée appartient à la famille des ichneumonides ou mouches vibrantes qui déposent leurs œufs dans les œufs et les larves des autres insectes, pour que leur progéniture se nourrisse aux dépens d'autrui. L'ichneumon-mère s'est posée pendant quelques instants sur la galle, et ce moment fatal a échappé à notre observateur. La mouche vibrante a accompli son œuvre. Au moyen d'une longue tarière qu'elle porte à son extrémité postérieure, elle a percé non seulement l'excroissance due à un tout autre insecte, à une guêpe gallicole ou *Cynips*, mais même la larve vivante de son régulier propriétaire ; elle y a déposé un œuf et a donné à sa progéniture le moyen de se développer à la place de la larve de la gallicole.

Après de trop fréquentes complications de ce genre, peut-on s'étonner encore si nous connaissons incomplètement la vie de tant d'insectes communs dont les ravages nous causent des dommages considérables, et si de cette ignorance résulte naturellement pour l'homme l'impossibilité de combattre ces ennemis ? De mille espèces on ne connaît ici que la larve, là que l'insecte complet ou même un seul des sexes diversement conformés. Les conditions vitales de la plupart des espèces dans tel ou tel état de leur transformation sont généralement fort peu connues. Pour le plus commun de nos petits ennemis, le hanneton, on ne sait pas encore aujourd'hui avec complète certitude si la durée de sa vie embrasse une période de trois ou de quatre ans ; si, dans la Suisse républicaine, il acquiert son développement et la faculté de reproduction, un an plus tôt que dans la monarchique Allemagne, où sa croissance semble demander beaucoup plus de temps sous la haute tutelle de l'autorité.

Vous voyez donc qu'il y a encore beaucoup à faire dans ce domaine, et tous ceux qui peuvent fréquenter un petit champ ou un jardin, qui cultivent quelques pots de fleurs sur leur fenêtre, sont en état, s'ils veulent s'en donner la peine et le loisir, d'apporter leur contingent à l'enrichissement de la science.

Pour mes leçons j'ai choisi l'ordre de la classification zoologique, et je suppose que le lecteur en connaît les points les plus importants ; car, dans le peu de temps qui m'est accordé, il m'est impossible d'entrer dans les détails de l'histoire naturelle. On peut d'ailleurs les trouver dans tout manuel. Le système naturel se fondant sur la communauté d'organisation réunit, à cause de leur parenté, les animaux qui ont les plus nombreux caractères communs ; de même il rapproche les animaux dont les mœurs et les habitudes se ressemblent dans leurs traits généraux, car les mœurs sont le résultat de l'ensemble de l'organisation. Quand certaines particularités concordent dans la construction du corps, les habitudes et les traits généraux des fonctions intelligentes doivent également concorder.

J'avoue qu'il serait plus agréable pour beaucoup de gens de voir la matière divisée d'après les différentes plantes cultivées ou suivant certaines habitudes saillantes des animaux. Mais beaucoup d'obstacles s'opposent à cette division. Des espèces très différentes peuvent habiter sur la même plante, et, par contre, la même espèce peut avoir un cercle d'action très étendu. Les vers blancs et les courtilières rongent toutes les racines sans distinction, et le chêne allemand, l'arbre noueux des terrains humides a plus de parasites que tous les autres arbres de notre zone pris ensemble.

Je dirai peu de mots des moyens préservatifs ou défensifs accueillis trop souvent par tout le monde avec une foi aveugle. Quand on connaît exactement les animaux et les particularités de leur vie jusque dans ses plus petits détails, les moyens de nous défendre contre nos ennemis et de protéger nos amis se présentent d'eux-mêmes à l'esprit avec un peu de réflexion ; si on ne les connaît pas, on battra l'eau, et mieux vaut s'armer de résignation que d'employer des moyens mal raisonnés. On ne saurait croire combien on a déjà commis de fautes semblables et combien on en commet encore chaque jour. On proclamerait fou sans hésitation le paysan qui attacherait aux branches d'un arbre un piège à taupe, dans l'espérance que la taupe volera après l'appât suspendu. Mais on propose avec un grand sérieux de détourner la puce de terre (*Haltica*) des plantes qu'elle menace, en entourant les semis de gazon. On suppose que les puces s'y égarent et ne doivent pas aller plus loin. La plus simple observation nous montre que ces petits animaux, après avoir dévoré une planche, s'envolent pour aller satisfaire leur appétit sur une autre. Beaucoup de ces moyens sont involontairement déduits de la nature humaine ; c'est comme si on voulait chasser les mouches de viande, les vautours et les corbeaux par l'odeur de la charogne, si repoussante pour les hommes. Dans de rares cas, l'homme peut, par son seul travail, combattre avec efficacité les ravages que ses ennemis commettent à son grand préjudice. Le plus souvent, au contraire, il doit se borner à ne pas détruire volontairement les aides que la nature lui offre, ou même il doit chercher à les propager par des soins assidus. Les ratiers de la France, tous ensemble, ne prennent pas en un an autant de souris des champs que les hibous des Vosges en un mois, et les ratiers se font payer, tandis que les oiseaux de nuit font la besogne gratis. Ne vaudrait-il pas mieux conserver les hiboux au lieu de les poursuivre ? Ne vaudrait-il pas mieux employer à élever des chasseurs naturels de souris l'argent qu'on donne aux ratiers ? L'exemple que je cite se rapporte à des ennemis proportionnellement très gros ; mais comment s'y prendre quand nous avons affaire à ces petits ennemis qui échappent presque à nos yeux, et dont nous ne pouvons nous emparer qu'avec de grands efforts et après de longues recherches : en pareille occurrence, la lenteur démesurée de nos moyens devient un obstacle. Prenons un exemple.

Le professeur Fabre, d'Avignon, qui a étudié avec une merveilleuse patience la vie d'une espèce de guêpe fouisseuse du genre *Cerceris*, et que j'aurai encore l'occasion de citer plus loin, avait remarqué qu'elle choisissait comme victime un charançon que sa couleur noire et sa longeur de 5 à 6 lignes rendent aisément visible à l'œil nu. Une guêpe à laquelle il avait enlevé son charançon mettait en moyenne dix minutes à apporter un autre coléoptère. Pour compléter ses observations par un essai, il voulut réunir quelques charançons vivants qui n'avaient pas encore été aiguillonnés par une guêpe. « Vignes, champs de luzerne, terres à blé, haies, tas de pierres, bords des chemins, dit-il, j'ai tout visité, tout scruté ; et après deux mortelles journées de recherches minutieuses j'étais possesseur, oserais-je le dire, j'étais possesseur de trois charançons tout pelés, souillés de poussière, privés d'antennes ou de tarses, vétérans écloppés, dont les Cerceris ne voudront peut-être pas. Puissance admirable de l'instinct ! Dans les mêmes lieux et dans bien moins de temps, c'est par centaines que nos guêpes auraient trouvé ces charançons introuvables pour l'homme. Elles les auraient trouvés frais, lustrés, récemment sortis sans doute de leurs coques de nymphes. » Ce seul exemple peut suffire pour vous montrer combien l'homme seul est impuissant contre ces petits ennemis. S'il s'agit de détruire quelques animaux, le plus souvent la peine et le temps employés ne sont pas en rapport avec le dommage empêché. S'il s'agit d'en détruire de grandes quantités, quand les hannetons, les sauterelles ou les chenilles font de grands ravages, il convient réellement mieux de faire agir en toute liberté les moyens relativement sauvages et grossiers sur lesquels nous commandons.

Mais alors se présente un autre inconvénient : de

cette vermine qu'on veut détruire, une partie échappe à la destruction, et en se multipliant laisse le germe de nouveaux dommages ; on croit souvent avoir obtenu un grand résultat, et on voit dans la cessation du mal, l'année suivante, la preuve évidente de i'efficacité des moyens employés ; mais on oublie que l'ennemi met trois ans à se développer, et que, dans trois ans seulement, de nouveaux ravages nous montreront combien d'ancêtres de ces nouveaux dévastateurs ont échappé à nos recherches.

Je dois cependant abandonner ces considérations générales qui, plus tard, viendront d'elles-mêmes, quand nous serons bien maîtres des faits, à leur appui, et je vais commencer l'examen spécial d'une seule classe du règne animal : les mammifères.

Parmi les mammifères spécialement méconnus et poursuivis à tort, viennent, en première ligne, les *Insectivores*. La plupart de ces petits mammifères sont d'un extérieur laid et même repoussant ; menant autour de nous une vie nocturne et cachée, ils excitent contre eux tous les préjugés qu'inspirent les animaux nocturnes. On voit ici la vérité du vieux dicton, que la nuit n'est pas l'amie de l'homme. Tout ce qui voltige ou rampe la nuit est haï et détesté par le sentiment populaire sans plus ample recherche, et il est extrêmement difficile de persuader à la multitude que le mouchard et l'agent de police ne peuvent pas se livrer à leurs recherches à la lumière du jour, quand ils veulent se mettre sur la piste d'un criminel qui travaille la nuit. Il faut bien alors qu'ils le suivent dans l'ombre.

La *chauve-souris*, le *hérisson*, la *musaraigne* et la *taupe* sont les quatre types divers qui représentent les insectivores dans notre zone. Un coup d'œil dans la gueule ouverte de ces animaux nous convainc de suite que ces animaux ne peuvent être que carnassiers, plus carnassiers encore, si on peut s'exprimer ainsi, que le chien et le chat, que la classification générale nomme par excellence carnassiers. Les deux mâchoires sont hérissées de pointes et de crocs aigus.

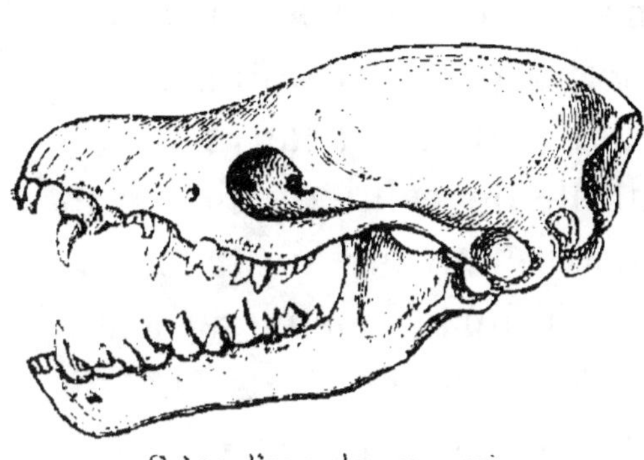

Crâne d'une chauve souris.

Des dents comme des poignards s'élèvent tantôt à la place des canines, tantôt tout à fait par derrière au-dessus du niveau des dents mâchelières. Des pyramides aiguës, dont les pointes ressemblent à une scie à double rang, alternent avec des dents qui ont quelque ressemblance avec la lame d'un couteau de poche. Cette conformation prouve que ces dents sont destinées à saisir et à percer même des insectes à enveloppe dure comme les coléoptères. Ces caractères ne trompent pas, et de même que Brillat-Savarin pouvait écrire : « Dis-moi ce que tu manges, je te dirai qui tu es, » de même on peut dire des mammifères : « Montre-moi les dents, je te dirai ce que tu manges ». Les insectivores ne mâchent ni ne broyent avec les dents, ils mordent et perforent. La couronne de leurs dents n'est point usée en haut par le frottement de la mastication, mais au contraire aiguisée par l'opposition des dentelures. Si on prend la peine de comparer le râtelier d'un petit rongeur, d'un rat par exemple, avec celui d'une chauve-souris ou d'une taupe, les caractères distinctifs des deux sautent clairement aux yeux. Le râtelier d'une chauve-souris grossi à la grandeur naturelle de celui du lion présenterait un effroyable instrument de destruction.

La voracité de tous ces animaux dépasse beaucoup celle des carnassiers proprement dits, et on croit, au moins pour plusieurs d'entre eux, qu'ils consomment chaque jour un poids de nourriture égal à leur propre poids, ce qui me paraît un peu exagéré. Mais ils sont petits, peu visibles, et ils doivent généralement chercher leur butin dans le cercle des animaux où les ennemis de l'homme sont les plus nombreux. Il leur arrive quelquefois, il est vrai, de saisir une plus grosse proie — la taupe entraîne sous terre une grenouille, le hérisson dérobe un nid de cailles placé sur le sol, avec les petits qu'il renferme, mais ce ne sont que des exceptions, des régals extraordinaires, et, dans la vie habituelle, ces petits carnivores sont obligés de satisfaire les exigences de leur insatiable estomac en chassant, sans repos ni trêve, des insectes, des colimaçons et des vers.

Les *chauves-souris* tiennent le premier rang. Que n'a-t-on pas fait de ces infortunés chéiroptères ! Le législateur juif les tenait pour des animaux impurs et maudits. les Grecs leur empruntaient les ailes des harpies, les chrétiens celles du diable. Un effroi général s'empare de toute réunion quand un de ces pauvres animaux s'est égaré dans le voisinage, attiré peut-être par l'éclat de la lumière autour de laquelle on est attablé au frais, le soir d'une chaude journée d'été.

Pour les gens crédules, son approche est déjà un mauvais signe, et les plus braves d'entre les dames excusent leur frayeur en soutenant que ces bêtes se mettent dans les cheveux, crainte sans doute légitime, s'ils sont peuplés d'insectes.

Il est vrai que ces chéiroptères nocturnes ne sont ni beaux, ni gracieux. Cette peau lisse, noirâtre et mince qui est tendue entre leurs doigts allongés, comme le taffetas d'un parapluie entre ses baleines, ces ongles affreux aux pieds de derrière, ce corps gris de souris, ces appendices nus de la face, parmi lesquels le nez et les oreilles sont souvent conformés d'une façon bizarre, ce vol étrange, interrompu, sans direction déterminée, autour des buissons et des arbres, cette apparition sans bruit et cette disparition dans le silence de la nuit, enfin ce cri aigu et rapide que toutes les oreilles ne peuvent pas entendre, tant le ton en est élevé, ne sont pas faits pour attirer à ces animaux l'amitié de l'homme.

Nous avons néanmoins dans nos contrées beaucoup d'espèces de ces mammifères volants ; chacune d'elles a ses habitudes, son vol. Les unes, comme le *fer-à-cheval*, sont sensibles au froid, paraissent tard, volent lentement et bas par les temps secs et chauds, et passent volontiers le jour dans les trous des vieilles masures. Les autres, comme les *oreillards*, choisissent les bosquets, les bois, les forêts. La *barbastelle* poursuit les insectes qui voltigent sur l'eau, tandis que la *noctule* et la *pipistrelle* fendent l'air comme l'hirondelle et, comme la chauve-souris ordinaire, préfèrent à tout autre retraite les maisons et surtout le chaud abri des cheminées. On le reconnaît bien lorsqu'on voit des noctules accourir de localités éloignées pour se rassembler dans un lieu qui leur plaît, et, pendant l'hivernage, y dormir réunies en grand nombre suspendues par les pieds, la tête en bas. Il y a quelques années, au château de Lucens, près de Morges, en Suisse, on avait fait du feu dans une cheminée qui n'avait pas servi depuis longtemps. Le feu ne voulait pas prendre. La flamme de bois et de copeaux bien secs rentrait avec la fumée dans la chambre. Dans la cheminée s'éleva tout à coup un bruissement étrange, un frôlement singulier. Quelques chauves-souris tombaient rôties dans la flamme ; d'autres, à demi brûlées, voletaient anxieusement dans la chambre ; enfin, au dehors, s'éleva de la cheminée un véritable nuage de chauves-souris, qui, tourmentées par le froid, cherchaient un refuge; et il y en avait tant que toutes les chauves-souris, tous les animaux nocturnes du pieux canton de Vaud semblaient s'être donné rendez-vous pour passer ensemble leur sommeil d'hiver dans la cheminée de Lucens.

C'est parce qu'elles choisissent de préférence l'abri des cheminées qu'on a fait, à tort, aux chauves-souris ordinaires, la réputation de manger le lard et les saucisses dans les cheminées où les paysans les fument. En hiver, quand le lard et les viandes fumés sont pendus dans la cheminée, l'animal engourdi dort paisiblement à côté, et n'éprouve ni faim ni soif. A l'aide des vigoureux ongles crochus de ses pieds postérieurs il s'est accroché n'importe où, la tête et le corps enveloppés de ses ailes comme d'un vaste manteau, et engourdi, immobile, il attend le soleil réchauffant du printemps, qui rappellera en même temps à la vie le monde des insectes. Alors il cherche sa nourriture, et une douzaine de hannetons bien dodus ne sont pas de trop pour une noctule, ou 60 à 70 mouches pour le repas du soir d'une chauve-souris oreillard, si on la laisse agir à sa guise. Même dans la captivité, elles ne prennent que des insectes vivants et au plus un peu de lait. On ne saurait mieux faire, pour purger de mouches une chambre ou une cuisine, que d'y garder, le jour, un rouge-gorge, et la nuit une chauve-souris. En liberté, les chauves-souris sont les plus insatiables chasseurs. Elles s'occupent à détruire les hannetons et les scarabées et poursuivent hardiment tous ces papillons de nuit dont les chenilles causent de si grands ravages, et que nous connaissons sous les noms de phalènes, arpenteuses, tordeuses, teignes et autres. La livrée, les bombyx cul-d'or, cul-brun et feuille-morte, dont les chenilles ravagent nos arbres et détruisent tant de fruits, sont des friandises pour ces pauvres animaux qui passent cependant pour nos ennemis et qui chassent tandis que nous pouvons, dans un doux sommeil, rêver aux pommes et aux poires qu'ils défendent pour nous. Qu'on ne se laisse donc plus égarer par des récits de vampires et de fantastiques lutins, quand même il y aurait dans les contrées méridionales des chauves-souris qui boivent et sucent le sang jusqu'à l'épuisement de bêtes et gens ; nous ne vivons pas sous les tropiques, et les espèces de nos pays n'ont soif que du sang blanc et froid des insectes qui bourdonnent. Elles ne veulent pas du sang chaud et rouge de l'homme vivant.

Les chauves-souris ne tètent pas le lait au pis de la vache ou de la chèvre, et ne donnent pas non plus aux enfants, comme on le croit en maint endroit, des poux ni des gales. Elles sont, il est vrai, affligées de parasites particuliers appelés *Nyctéribies,* qui ressemblent à des araignées à six pattes, mais qui vont aussi peu sur l'homme que les poux des pigeons et des poulets, dont cependant le poulailler et le pigeonnier sont pleins.

Si la chauve-souris est un infatigable chasseur dans les airs, la *taupe,* sous terre, ne chasse pas

moins activement les vers rouges, gris et blancs.
L'animal est bâti pour fouiller; son corps épais et
vigoureux, sa fourrure fine, sa queue courte, son
museau conique, sa longue trompe extrêmement délicate, qui est spécialement soutenue par un os particulier, et se termine par un large disque cartila-
gineux, ses larges pieds fouilleurs en forme de
pelle, ses yeux extraordinairement petits, entourés
et protégés par des poils, le manque d'oreilles externes, tous ces caractères lui viennent en aide
pour sa vie et ses travaux continuels sous terre :
mais tous ces caractères ne disent rien sur la nour-

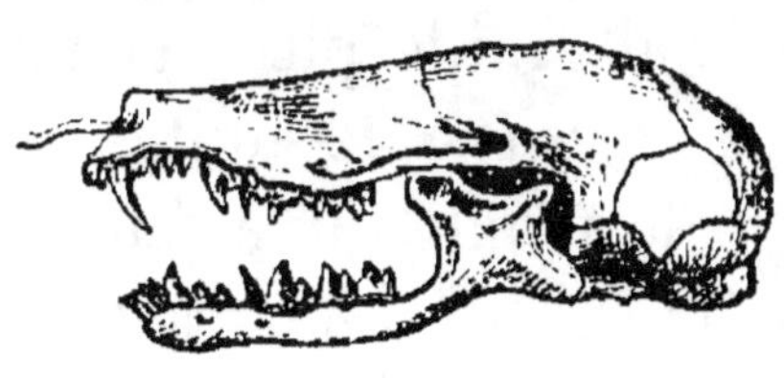

Crâne de la taupe.

riture de la taupe, car il
y a aussi des souris fouilleuses qui ne remuent
pas la terre avec moins
de vigueur et mangent
principalement des ra-
cines. La taupe ne doit-elle pas chercher une même
nourriture? Pour acquérir une certitude, examinons le système dentaire. Vingt-quatre dents toutes
tranchantes et pointues, des canines semblables à
des poignards, des mâchoires semblables à des cou-
ronnes murales ou à des scies, cela ressemble-t-il
à la mâchoire d'un herbivore? Et cependant l'opinion presque générale des paysans et des jardiniers
est encore aujourd'hui : que la taupe mange les
racines, tandis qu'il nous paraît impossible de
comprendre comment avec ses dents aiguës, pro-
pres seulement à déchirer, elle pourrait broyer

les fibres des plantes. *Vox populi, vox Dei !* Peut-être la taupe mange-t-elle aussi des racines malgré sa mâchoire de carnassier? Peut-être forme-t-elle une exception dans l'ordre des mammifères? Mais ce qu'elle a mangé, elle doit l'avoir dans l'estomac. Regardons dans l'estomac. Nous trouvons dans ce magasin alimentaire des tronçons de vers rouges à moitié digérés, des fragments de téguments jaunâtres que nous reconnaissons sans peine pour les débris de la tête, des pinces et des pattes du ver blanc, des élytres, des anneaux, des pieds et d'autres débris cornés et indigérables de la carapace des coléoptères, des cuirasses de mille-pieds et autres larves souterraines, des insectes de toutes espèces, mais jamais une fibre de plante, une feuille, un morceau d'écorce ou de bois, pas une trace de matières végétales ; même avec le microscope on réussit difficilement à découvrir, çà et là, des cellules de végétaux provenant de l'intestin des animaux avalés, dont l'estomac nous offre les débris. J'ai disséqué des douzaines de taupes sans jamais rencontrer un fragment végétal dans l'estomac ou dans l'intestin.

L'examen des taupes captives n'est pas moins convaincant. M. Flourens, le secrétaire perpétuel de l'Académie des sciences à Paris, fit l'expérience physiologique suivante : il avait enfermé, dans un tonneau, deux taupes vivantes et leur donnait pour nourriture des racines et des navets, pensant qu'elles étaient herbivores. Le lendemain il ne trouva d'une des deux taupes que la peau retournée, le reste était mangé ; les racines, au contraire, intactes, quoique la taupe restante parût très inquiète et très affamée. M. Flourens introduisit alors dans le tonneau un moineau auquel il avait arraché les plumes des ailes. La taupe le flaira tout autour, en reçut quelques coups de bec, puis se précipita aveuglément sur lui, lui déchira le ventre, grandit l'ouverture avec ses ongles et eut en peu de temps dévoré, avec une sorte de rage, la moitié de ce que contenait la peau. M. Flourens introduisit alors un verre d'eau complètement plein ; il vit la taupe se dresser contre le verre, se tenir au bord avec ses pieds de devant et boire avec avidité ; puis elle mangea encore un peu du moineau et fut pleinement repue. Il lui enleva l'eau et les restes de l'oiseau ; six heures après, elle était déjà affamée, inquiète et affaiblie ; avec son nez, elle flairait continuellement de tous les côtés. A peine eut-on introduit un autre moineau vivant qu'elle se jeta sur lui et le mordit à l'abdomen pour arriver de suite aux intestins. Après qu'elle en eut dévoré la moitié et bu copieusement, elle parut rassasiée de nouveau et resta tranquille. Le lendemain, le reste était dévoré jusqu'à la peau, et cependant la taupe avait encore faim. Elle mangea de suite une grenouille en commençant toujours par les intestins. Le surlendemain, comme elle avait faim, on lui donna un crapaud. Dès qu'elle s'approcha du crapaud, celui-ci se gonfla et la taupe détourna son museau, comme si elle éprouvait un dégoût invincible; alors on ne lui donna que des carottes, des choux et de la salade. Le jour suivant elle était morte de faim, sans avoir rien touché. A la suite de cela, trois taupes furent réduites à des racines et à des feuilles. Elles moururent de faim toutes trois. Plusieurs, au contraire, nourries de moineaux vivants et de grenouilles ou de viande, de vers rouges, de cloportes, qu'elles aiment particulièrement, vécurent très longtemps. Lorsque les taupes attaquent les racines, c'est qu'elles trouvent au milieu d'elles des vers, des insectes et surtout des larves.

Oken ajoute à ce résumé de Flourens : « Pendant trois mois j'ai eu une taupe dans une caisse pleine de sable. En fouillant elle y circulait presque aussi rapidement qu'un poisson dans l'eau, le museau en avant, les pieds de devant jetant le sable de côté, tandis que les pieds postérieurs le repoussaient par derrière. Je lui donnai dans des soucoupes de l'eau et de la viande coupée, tantôt crue, tantôt cuite, comme je l'avais sous la main. Elle ne montrait pas une avidité extraordinaire. Elle ne touchait ni au pain ni aux matières végétales. Du reste, elle se portait bien et travaillait presque sans interruption dans son sable. Je parvins à m'en procurer une seconde que je mis avec elle. A peine se furent-elles aperçues qu'elles se jetèrent l'une sur l'autre, se saisirent avec leurs mâchoires et se mordirent pendant quelques instants. La nouvelle se mit alors à fuir, l'ancienne la chercha partout en traversant le sable avec la rapidité de l'éclair. Je fis, à la seconde, une espèce d'abri dans un verre que je mis, pendant la nuit, dans la caisse ; le lendemain matin elle était morte dans le sable, mais elle n'avait pas été entamée ; elle était sans doute sortie du verre et avait été tuée par l'autre, évidemment pas par

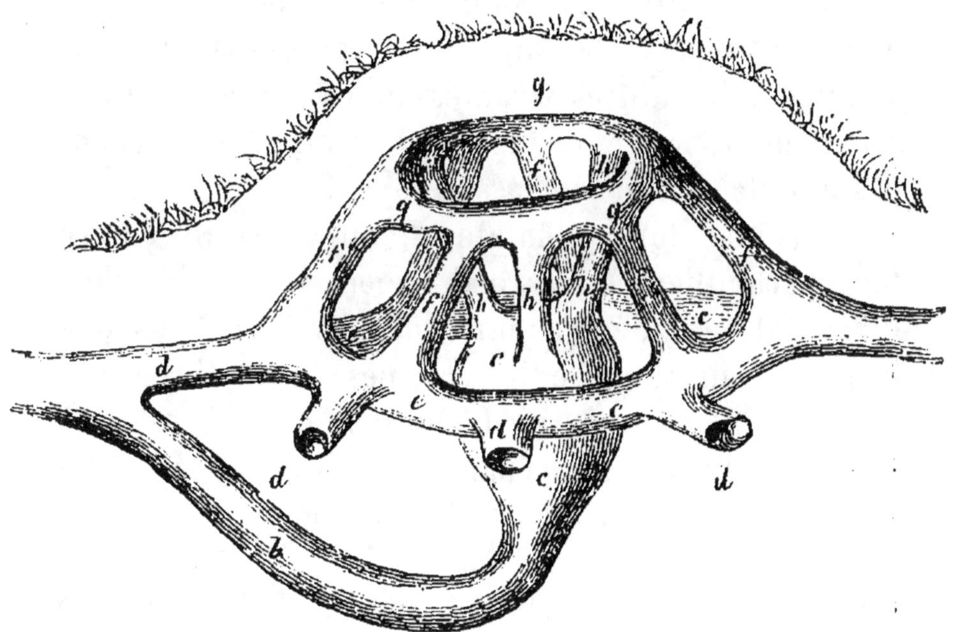

Habitation de la taupe.

a. Trou de sortie habituel. *b.* Conduit en forme de siphon qui mène à la chambre. *c. d.* Conduits qui rayonnent vers *c,* chemin circulaire inférieur. *f.* Conduits ascendants qui relient le chemin circulaire inférieur au chemin supérieur *g. h.* Conduits de communication de ce chemin à la chambre *c.*

faim, mais par méchanceté naturelle. La mâchoire inférieure de cette taupe, plus faible, était brisée en deux. Le surlendemain l'autre était également morte sans blessures, mais, à ce qu'il me sembla, de l'excitation et de l'épuisement du combat. »

Nous avons donc, de toutes les façons, la preuve

que la taupe est un animal purement carnassier, qu'elle peut tout au plus nuire aux plantes et notamment aux prairies par les souterrains qu'elle pratique, qu'elle est l'ennemi insatiable de tous les animaux qui vivent sous terre et qui, comme les vers gris, rouges et blancs, attaquent les racines des plantes utiles. La taupe est un animal féroce, hargneux, insociable, qui livre des combats à mort à toutes les créatures vivantes qu'elle rencontre sur son chemin, voire même à ses semblables, et qui passe toute l'année à chasser.

Le solide fort qu'habite la taupe est un édifice tout particulier et très artistement construit. D'ordinaire il est situé dans un endroit habité, sous une haie, un mur ou entre les racines d'un arbre, à la profondeur de trois pieds au-dessous du sol. Au milieu se trouve une chambre bien lissée à l'intérieur, affectant la forme d'une bouteille ; elle est rembourrée de mousse et de tiges d'herbes fines que la taupe recueille la nuit sur le sol. La chambre a différentes issues : vers le bas un conduit en forme de siphon devient plus loin horizontal et débouche dans le tube de sortie commun ; en haut, trois conduits courts mènent dans un chemin circulaire à quelques pouces au-dessus de la chambre. De ce cercle supérieur cinq à six petits tubes conduisent à un second chemin circulaire qui entoure la chambre et est à peu près au même niveau. Du grand chemin de ronde inférieur rayonnent en tous sens souvent jusqu'à douze conduits qui, après un petit parcours, se courbent et débouchent tous dans le tube de sortie commun. De cette façon la taupe a, de tous côtés dans sa chambre, des issues qui lui permettent de se sauver dans toutes les directions sitôt qu'un danger la menace. Le tube de sortie est un chemin large, bien battu et lissé en dedans, qui a souvent 100 et 150 pas en direction horizontale, et c'est à son extrémité que commence en réalité le terrain de chasse reconnaissable aux buttes soulevées. La taupe ne chasse jamais dans le voisinage immédiat de sa demeure. Elle va s'y reposer quand elle a fini ses repas. Au moins trois fois par jour elle court chercher son gibier et quand on connaît le conduit de sortie, indiqué par une teinte plus jaune du gazon, on peut facilement observer l'entrée et la sortie de la taupe et la grande rapidité avec laquelle elle se meut dans son tube ; il suffit d'y introduire des pailles très minces armées de petits pavillons qui, en remuant, indiquent sa marche. Malheur à la pauvre souris ou à la musaraigne égarée dans un semblable conduit : elle est perdue sans ressource ; malheur aussi à la taupe plus faible que la maîtresse du logis rencontre sur son chemin. Après un rude combat, pour prouver qu'elle aime son prochain, elle le mangera, fût-il son enfant.

Au bout du tuyau de sortie commence le terrain de chasse qui se compose de chemins sans régularité, creusés tout en chassant, car la taupe pousse la terre devant elle et, en la rejetant dehors, forme des buttes de distance en distance. A chaque chasse elle creuse de nouveaux chemins, rejette de nouvelles buttes, et il est rare qu'elle repasse une seconde fois dans le même endroit. Les taupiers habiles savent très bien cela ; aussi placent-ils leurs pièges dans le tube de sortie même où la taupe passe au moins six fois par jour au grand étonnement des profanes qui voient placer des pièges dans des endroits où l'on ne voit aucune taupinière.

Les liens de famille sont peu de chose pour la taupe ; elle n'en a pas moins la jalousie d'un vrai Barbe-Bleue. Au printemps, elle circule pour chercher une femelle et s'en empare par la force ; si un rival s'approche, la femelle est promptement enfermée dans un endroit d'où elle ne peut pas fuir, et le mâle s'avance courageusement contre celui qui veut troubler sa paix. Dès que les deux rivaux se rencontrent dans un espace rapidement creusé sous terre, ils se livrent un violent combat qui se termine par la mort ou la fuite du plus faible. Connaissant sans doute cette vérité, si souvent méconnue par les hommes, que les morts seuls ne reviennent pas, le vainqueur commence par dévorer le vaincu avant de retourner vers son épouse tremblante. Il construit alors, dans un endroit abrité, un nid chaud et bien rembourré, dans lequel les époux vivent fidèlement et amoureusement. La tendresse matrimoniale doit être si grande pendant la lune de miel qu'on dit avoir trouvé des mâles morts de douleur dans le voisinage de l'endroit où la femelle avait été prise. Des passions si vives ne durent pas long-temps d'ordinaire ; dès que les petits, qui abandonnent le nid au bout de deux mois, sont venus au monde pelés et lourdauds, le papa semble ennuyé de leurs cris. Il abandonne bientôt la famille pour mener de nouveau la vie de garçon, jusqu'à ce qu'au printemps prochain l'amour tout-puissant le pousse dans les bras d'une autre épouse.

Et maintenant que nous connaissons la vie et la nourriture de la taupe, examinons si cet animal est réellement aussi nuisible qu'on le croit ou qu'on pourrait le croire d'après les poursuites incessantes auxquelles il est victime. Sur les buttes soulevées dans les prairies par ce fouilleur infatigable, quelques brins d'herbe sont bien déracinés, mais ils reprennent vite dans cette terre parfaitement divisée, et, si on les laisse faire, ils donnent de la consistance aux taupinières dont la grande quantité empêche de faucher le pré. Dans les jardins, l'apparition de la taupe n'est pas agréable ; beaucoup de jeunes plantes sont soulevées et se fanent si le jardinier n'est pas là, à temps, pour comprimer la taupinière. Mais ces ennuis peuvent-ils être comparés aux dommages que les vers et les larves sont en état de causer ? Ne voit-on pas souvent toute une partie de pré fanée et séchée, parce que les vers blancs ont mangé les racines ? Ne faut-il pas, dans maint jardin, combattre avec acharnement ces voraces ennemis qui dévastent même les pépinières et les planches de rosiers en coupant des racines grosses comme le doigt? Un léger examen nous montre que la taupe, pour apaiser sa faim, mange en moyenne une quantité de larves équivalente à la moitié de son propre poids et qu'elle doit, par conséquent, en détruire une immense quantité, cent fois plus que nous n'en saurions détruire nous-mêmes. Les jardiniers anglais ont triomphé du mauvais vouloir général contre les crapauds en signalant l'utilité singulière de ces animaux, et ils les emploient aujourd'hui à faire la chasse aux colimaçons. Nous pourrions aussi bien faire, des taupes, les gardiens de nos jardins. Puisqu'elles se reprennent si aisément, il serait facile, au printemps, de leur faire, pendant quelque temps, nettoyer nos jardins et nos prairies de cette vermine souterraine qui nous cause tant de dommages. Je connais des cultivateurs qui suivent cette pratique et s'en trouvent bien. Ils donnent volontiers quelques sous pour une taupe vivante qu'ils placent dans un champ ravagé par les vers gris et blancs, et ils ne reculent pas devant la peine de suivre chaque jour les taupinières, de les fouler ou de les étendre au râteau, et enfin de reprendre la taupe sitôt qu'elle a fait sa tâche. Je connais, à dire vrai, des pays entiers où tout au contraire l'autorité donne une prime pour chaque taupe prise, et j'ai entendu parler d'un propriétaire qui avait une sorte de rage fanatique contre les taupes. Il en faisait prendre une grande quantité. Un beau jour il eut l'idée de choisir, parmi elles, celles d'une variété gris-argent, pour en faire une pelisse au roi. Il avait, en l'offrant à Sa Majesté, la ferme conviction d'avoir gagné l'ordre du Mérite par ses nobles efforts en faveur de l'agriculture. Il obtint un froid remerciement pour ses fourrures qui perdaient leur poil, et ses champs furent affreusement ravagés par une quantité de vers blancs.

La *musaraigne* est proche parente de la taupe, mais elle ne travaille pas exclusivement sous terre. Elle est de même intrépide, hargneuse, vorace et carnassière, et aussi infatigable pour chasser les larves,

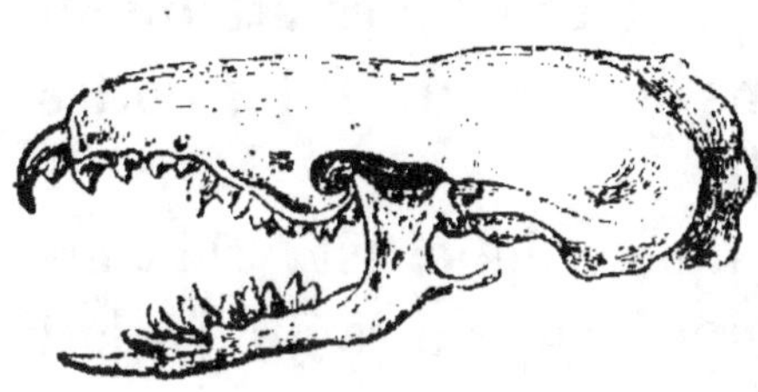

Crâne de la musaraigne au double de la grandeur naturelle.

les insectes, les vers et les jeunes souris, qu'elle dévore avec un appétit incroyable. Elle se distingue de la souris par son museau pointu, sa mâchoire hérissée de dents aiguës, sa queue nue presque sans poil, et par une odeur musquée que répand une poche latérale ; mais sa malheureuse ressemblance lui attire fatalement les mêmes ennemis ; quelques-uns cependant, et notamment les chats, la tuent simplement sans la manger. La musaraigne des maisons seule s'attaque à la viande sèche, au laitage. Toutes les autres espèces habitent les champs, les bois, les jardins, les écuries et les granges. La musaraigne d'eau poursuit dans l'eau les écrevisses, les grenouilles et les poissons, mais, avant tout, les insectes et les vers. J'ai sou-

vent observé qu'elles se querellaient avec force morsures à propos d'une proie quelconque ; elles n'en
méritent pas moins (j'entends les espèces des champs
et des bois) notre attention et nos soins, car elles
rendent à la surface et dans la couche supérieure du
sol les mêmes services que la taupe à une plus grande
profondeur ; on pourrait bien ne pas manifester la
même tendresse pour les musaraignes d'eau, car des
observations positives ont prouvé qu'elles attaquent
même de gros poissons dans les viviers et les boîtes
pour leur manger la cervelle.

L'odeur musquée de la musaraigne est vraisemblablement la cause du préjugé populaire qui la fait
complètement méconnaître. On raconte que sa morsure est venimeuse pour l'homme, et qu'elle peut
même causer au paturon des chevaux des plaies in-
curables. Mon Dieu ! ses dents sont à peine assez
fortes pour entamer d'une manière sensible la peau
d'un cheval ou d'un homme. Son contact même serait
empoisonné, il ferait enfler la main et même le bras.
Si cela était vrai, combien de naturalistes porteraient
le bras en écharpe !

Je me permets de recommander à votre protection toute spéciale le *hérisson*, car c'est **un malheureux animal tranquille et utile. Je dois dire que
la légende allemande, dans l'histoire si connue de
la course avec le lièvre, lui accorde plus de ruse
qu'il n'en possède réellement. Il est très étonnant
que les naturalistes n'aient pas encore réussi à con-
stater bien positivement la différence que les pay-

sans allemands disent avoir observée chez les hérissons, et qu'ils indiquent par le nom de hérisson-porc et hérisson-chien. Le hérisson-porc, qui aurait un large groin, un peu comme le cochon, serait

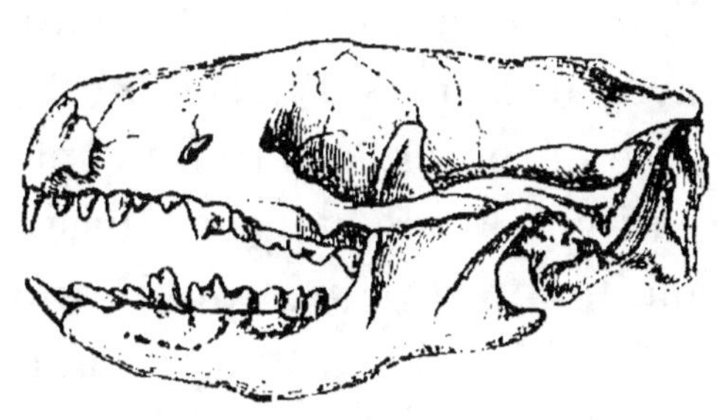

Crâne du hérisson.

bon à manger, et le hérisson-chien ne le serait pas. Je me souviens encore très bien qu'en Vétéravie, dans le pays natal de mon père, où nous passions d'ordinaire les vacances, les paysans racontaient, avec dégoût, que les Français avaient rôti à la broche des hérissons-chiens et s'en étaient régalés ; nous cherchâmes à cette époque tous les hérissons que nous pûmes nous procurer pour apprendre à connaître la différence. Mais le vieux paysan, qui était notre oracle, les déclara tous ensemble des hérissons-chiens qui ne sont pas mangeables, et il ajouta ensuite, avec un rire malin, que les hérissons-porcs se montraient peut-être ailleurs que dans les champs. Peut-être la différence ne vient-elle que de l'âge ou du sexe.

Le pauvre hérisson dort tout l'hiver sur une chaude couche de feuilles et de mousse, sous les haies ou les pierres. En été, pour chercher sa nourriture, il parcourt lentement les haies et les clôtures, les coteaux exposés au midi et les bords des forêts ; il choisit de préférence la nuit, et il dort le

jour, roulé en boule. Cette faculté de se mettre en
boule protège le hérisson contre ses ennemis, il
s'entoure de tous côtés de ses piquants, et c'est à
cause de cela que les enfants et les grandes personnes exercent sur lui leur malice ; on le jette dans
l'eau, on le chatouille avec des brins d'herbe ou des
épines pour le décider à se dérouler, et on finit par
le tuer le plus souvent par colère de ne pas réussir.
Pour justifier cette cruauté on lui a imputé une
foule de choses extravagantes dont il est incapable.
Il est moins exclusivement carnassier que la taupe
et la musaraigne, il grignote quelquefois les fruits
tombés des arbres, ou se permet de goûter dans une
laiterie le beurre et le fromage ; mais quant à grimper sur les arbres, les secouer, se rouler sur les
fruits pour les porter fichés sur ses piquants à ses
petits dans son nid, ce sont des fables comme tant
d'autres. Le hérisson ne peut ni grimper, ni employer
ses piquants autrement que pour sa défense en les
hérissant.

Sa principale nourriture consiste en insectes, colimaçons des champs, coléoptères, vers blancs qu'il
évente et déterre avec son nez et ses griffes, en vermine de toutes espèces et particulièrement en souris. Si le hérisson n'avait pas une odeur aussi désagréable, si sa chasse n'était pas si bruyante et si
tapageuse qu'il réveille ses commensaux, on le pré-
férerait certainement au chat, comme chasseur domestique. Il remplace par la ruse et la patience ce
qui lui manque d'agilité et de rapidité, et ses bruyan-

tes allées et venues font fuir plus de souris encore qu'il n'en détruit. Dans les granges et les étables où on n'a pas à redouter ces inconvénients, il sera par cela même un animal domestique utile.

Mais je dois vous signaler une faculté spéciale du hérisson qui le rend jusqu'à un certain point insensible aux venins. Je ne répète pas ceci d'après l'opinion populaire, mais d'après les observations et les recherches de naturalistes célèbres. Pallas, zoologiste bien connu, qui nous a notamment appris à connaître les animaux de l'empire russe, comme personne avant lui, Pallas vit un hérisson faire tout un repas de mouches cantharides que nous employons, comme on sait, à la préparation des vésicatoires et qui, à cause de leur propriété caustique, ne peuvent être digérées par aucun autre animal. Lenz, professeur à Schnepfenthal, fit des expériences sur des hérissons et des vipères. Je choisis une de ces expériences pour la rapporter ici.

Lenz avait dans une caisse une femelle de hérisson qui nourrissait ses petits. Il y mit une grande et vigoureuse vipère commune qui s'enroula dans le coin opposé. Le hérisson s'approcha lentement, flaira la vipère et se retira tout d'abord, quand elle se dressa pour lui montrer les dents ; comme il approchait une autre fois sans précaution, il fut mordu au museau, et une goutte de sang sortit ; il recula, lécha sa blessure, puis revint à la charge ; il reçut une seconde morsure à la langue ; mais, sans se laisser intimider, il saisit le serpent par le corps ; les deux adversaires étaient devenus furieux : le hérisson grognait, se secouait souvent ; la vipère, de son côté, lançait morsure sur morsure, et se blessait souvent aux épines en lançant aveuglément ses coups ; tout à coup, le hérisson lui saisit la tête, la broya et dévora, tout de suite, sans autre signe d'émotion, la moitié antérieure du reptile, puis retourna tranquillement à ses petits pour les allaiter. Le lendemain il mangea le reste de la vipère. Cette expérience fut répétée maintes fois et eut toujours le même résultat : ni le hérisson, ni les petits en furent malades un seul instant.

Un observateur plus récent, Link, à Blaubeuren, s'exprime ainsi : Il est surprenant, en vérité, de voir avec quelle insouciance le hérisson supporte les morsures de la vipère, dans la chaleur du combat, lorsqu'il cherche à la tuer pour faire un friand repas. Du reste, je ne peux pas affirmer qu'il ne souffre pas de ces morsures. Un très fort individu de cette espèce a été malade plusieurs jours chez moi après avoir été mordu deux fois au sang par une vipère fraîchement prise. Je suis cependant convaincu qu'un chien, peut-être même un homme, eût succombé aux deux morsures.

Nous ne nous occuperons pas de savoir si, comme le croit Oken, le hérisson est tellement insensible aux poisons qu'il peut manger impunément de l'acide prussique, de l'arsenic, de l'opium, du sublimé corrosif ; nous nous contenterons d'engager les physiologistes à faire des recherches là-dessus. Mais nous pensons bien que le hérisson se tient volontiers dans les lieux où se plaisent les vipères, et que ses propriétés jusqu'ici bien constatées suffisent pour lui mériter notre protection et nos soins empressés, et pour lui faire une place parmi les animaux que chacun doit aimer et protéger comme l'hirondelle.

DEUXIÈME LEÇON

Les oiseaux considérés comme gibier. — Les oiseaux gardiens des champs et des jardins. — Destruction des oiseaux en Italie. — Diminution du nombre des oiseaux et progrès de la culture. — Dommages causés par la cigogne. — Les pies et les diaconesses en Saxe. — La buse et le hibou, chats ailés. — Les oiseaux insectivores. — Histoire d'un pievert. — Les hirondelles. — Le coucou.

Messieurs !

Depuis quelques années il s'est fait, dans presque tous les pays germaniques, une vraie croisade en faveur des petits oiseaux qu'on veut protéger contre les poursuites des hommes ; un grand nombre de raisons ont été mises en avant pour prouver qu'on cause de grands dommages quand on prend plaisir à manger les alouettes de Leipzig, les grives de la Forêt-Noire ou les ortolans de la Provence. Cette inclination à prendre les habitants emplumés de l'air et à les manger comme un gibier délicat paraît habituelle à tous les hommes depuis toute antiquité, et peu d'oiseaux seulement se trouvent partout également protégés par les croyances populaires ou à cause du goût repoussant de leur chair. Mais — autre pays, autres mœurs ! L'hirondelle

qui, en Allemagne et en Suisse, sert si souvent
de point de mire aux amateurs du tir, mais qui,
du reste, est choyée et protégée comme un heureux
présage pour le bonheur de la maison, l'hirondelle
trouve sur son chemin, vers le sud, de nombreux
ennemis dans les habitants des bords de la Méditerranée ; ils les attendent avec des filets, des
lignes et de longues perches, lorsque, fatiguées
du voyage, elles rasent les ruisseaux et les flaques
d'eau pour saisir quelques mouches au vol. En
Allemagne, personne ne voudrait manger les oiseaux de proie, les corbeaux, les choucas, corneilles, les pétrels ou les plongeurs, et j'ai encore
devant les yeux la profonde horreur qu'éprouva
à Giessen, ma patrie, une joyeuse société qu'un
chasseur passionné avait invitée à manger un délicat rôti inusité. La rigueur de l'hiver avait attiré,
près de la Lahn, deux magnifiques harles, et le
chasseur avait été assez heureux pour les tuer tous
deux ; on laissa passer les autres plats presque
sans y toucher, pour faire honneur au rôti qui,
suivant l'opinion générale, devait être aussi bon
que les oiseaux étaient beaux. Cruelle déception !
Le plat d'honneur sentait l'huile de poisson et était
si coriace qu'on aurait pu exercer ses dents avec
autant de succès sur un soulier de chasse bien
graissé. Les Lapons et les Islandais, qui, dans leurs
repas, remplacent le vin par l'huile de poisson, auraient trouvé sans doute un pareil rôti superlative-
ment délicat.

On peut, en vérité, se demander, dans beaucoup de cas, si l'utilité que nous retirons d'un oiseau comme subsistance contrebalance le dommage qu'il peut nous causer à l'état de liberté. Les chasseurs se récrieront sans doute si on affirme de sang-froid que, excepté peut-être la bécasse, tout le gibier doit être rangé parmi les animaux nuisibles que la civilisation progressive doit combattre et extirper à tout prix. Mais, en laissant même ces considérations de côté, on peut, dans beaucoup de cas, douter si l'utile ou le nuisible l'emporte ; aussi tenons-nous fermes aux principes cités plus haut, et nous en concluerons facilement que tous les oiseaux mangeurs d'insectes, sans exception, sont pour nous de la plus grande utilité, que par la chasse incessante qu'ils donnent à nos petits ennemis, ils méritent toute la protection et tous les soins possibles.

Les hirondelles, les coucous, les engoulevents (crapaud volant), les gobe-mouches, les fauvettes, toute la troupe des gentils chanteurs au bec délicat, trop faible pour écraser les graines, sont dans ce cas et forment une armée de soldats de police bien équipés qui sont appelés à défendre nos champs et nos bois, nos potagers et nos jardins. Il ne peut y avoir ici aucun doute : on doit d'autant plus les protéger que la chair maigre et sans goût de la plupart n'a pas grande valeur. Il en est tout autrement des oiseaux qui se nourrissent de graines, de baies et de fruits, comme les grives, et notamment les gros becs (coccothraustes) et les pinsons qui décortiquent, avec leur puissant bec, les graines les plus dures et se nourrissent volontiers de leur contenu oléagineux. Beaucoup de ces mêmes animaux se nourrissent de préférence de ces graines, que nous méprisons comme mauvaises herbes, et personne ne haïra le gentil chardonneret (pinson du chardon), parce qu'il détruit le futur régal de l'âne. Mais la plupart de ces oiseaux connaissent très bien les graines utiles et agréables au goût, et le paysan qui a semé du millet, de ce que les linottes mangent aussi le grain de l'ivraie, ne se privera pas de leur lancer des coups de fusil, si elles viennent faire du bruit dans son champ de mil. Cela dépend des convenances personnelles du propriétaire et de son exploitation. L'amateur de jardins, qui ne cherche que les fleurs, les légumes et tout au plus quelques espaliers, verra avec plaisir les oiseaux de toutes espèces lui nettoyer ses planches et ses arbustes. Mais le propriétaire d'une cerisaie n'acceptera pas avec joie la protection que son voisin accorde aux oiseaux. Je connaissais dans la Hesse un pasteur, le meilleur des hommes, qui n'avait jamais fait de mal à aucune créature; à l'époque de la maturité des cerises, le paisible presbytère était dans une excitation vraiment fiévreuse et semblait un champ de carnage. Les filles faisaient des filets, les fils et les gamins de l'école préparaient des lacets, des cartouches, des pétards, des marrons; on voyait toujours armés le maître et ses domestiques. Les cris des moineaux réveillaient le pasteur dès le point

du jour ; au chant d'un merle il serrait les poings,
et le cri du pirol le mettait en colère. Aussi, après
vingt ans de peine, le brave homme avait élevé un
grand verger de cerisiers des meilleures espèces,
qui lui rapportaient plus que ses appointements de
pasteur. Le conseiller Perner, de Munich, et le pasteur Tschudi, de Glaris, auraient en vain prêché à
cet excellent ecclésiastique le respect des innocents
petits oiseaux, pour lesquels le premier, notamment, a déjà dépensé tant d'argent en publications
dans les journaux.

Si nous examinons l'attitude des oiseaux envers
les insectes, nous trouvons des relations très diverses, à l'exception des pigeons, qui sont dans toutes
circonstances nuisibles à l'agriculture. La plupart
des granivores, principalement à l'époque où ils ont
des petits, cherchent volontiers des insectes, et nous
rendent par cela même les plus grands services, au
point qu'on peut accorder volontiers aux moineaux
les quelques grains de blé qu'ils attrapent, en faveur de ce service. D'autres, comme les corbeaux,
les corneilles, les choucas (corneilles de murailles),
les étourneaux, les pies-grièches, les guêpiers, vivent
principalement d'insectes et de larves, mais ne dédaignent pas de dévorer de jeunes oiseaux ou toute
proie semblable, si l'occasion s'en présente. La plupart des petits oiseaux de proie, comme l'émouchet
et l'émerillon, ne tombent sur les insectes que çà
et là, quand ils ne peuvent rien trouver de mieux.
Mais cela n'empêche pas que, pour ce dernier, le

dommage qu'il cause en détruisant les petits oiseaux dépasse de beaucoup les services qu'il pourrait rendre en certaines circonstances.

En général, les habitants des campagnes ont une haine vigoureuse contre les grands oiseaux de proie, et ils la prouvent bien en clouant leurs cadavres sur les portes des granges. C'est ainsi que, pendant le moyen âge, on exposait sur les portes des villes les corps des criminels célèbres jusqu'à leur entière décomposition, comme cela se pratique encore en Orient. Cette haine est certainement justifiée pour les faucons, les éperviers, les hobereaux et les milans, qui ne se nourrissent guère que d'oiseaux ; mais il faut la combattre quand elle se tourne contre les oiseaux de proie qui vivent principalement de rats et de souris, de mulots et d'autres vermines. Dans sa joie de clouer une buse sur la porte de sa grange, le paysan se fait, sans le savoir, plus de tort que s'il jetait à l'eau un boisseau de blé. Les ravages fréquents que, de notre temps, les insectes ont causé ont, comme je l'ai déjà dit, fourni l'occasion de chercher les moyens qu'on peut opposer à ces dévastations, et on a déjà fait remarquer dans ce livre que le respect des oiseaux en général, et surtout des petits oiseaux chanteurs, contribue à la destruction de la vermine. Le pasteur Frédéric de Tschudi, déjà connu par un excellent ouvrage sur les Alpes, a rendu de plus grands services encore en publiant sur la vermine et les oiseaux une brochure où il donne en peu de mots et d'une façon très remarquable toutes les raisons qui nous commandent de protéger les oiseaux comme destructeurs d'insectes. Il est à souhaiter que ce petit livre reçoive la plus grande publicité, et il serait très désirable que les enseignements contenus dans cet ouvrage pussent trouver en France la plus entière créance ; il est réellement irritant de voir la quantité de chasseurs majeurs et mineurs qui, le dimanche et les jours de fêtes, se glissent le long des haies et des bouquets de bois pour user leur poudre sur les moineaux et les fauvettes.

Tschudi pense avec beaucoup de raison que, dans l'Europe civilisée, le nombre des oiseaux utiles a considérablement diminué et est en diminution constante. Il met cette diminution principalement sur le compte de ces chasses de destruction qui ont lieu en Italie, — sur les bords de la Méditerranée serait plus exact, — et il trouve que la disparition des oiseaux explique pourquoi les ravages des insectes ont augmenté.

Je me permettrai de ne pas être de son avis sur ce point. Tout au contraire, avec le progrès de la culture et de la civilisation, les dégâts causés par les chenilles, les sauterelles et les coléoptères sont certainement devenus plus rares et moins graves. Dans la suite de ces leçons j'aurai l'occasion de vous donner quelques exemples des ravages des insectes au moyen âge ; ils surpassent tout ce qu'on a souffert dans ce siècle. On cherchait à s'en défendre par des **procès et des processions, tandis que mainte-**

nant on emploie contre eux le travail de l'homme, quoique insuffisant. La forêt, qui est le véritable asile de toute cette vermine, disparaît presque entièrement devant la civilisation ou se civilise elle-même. Déjà, dans bien des contrées d'Allemagne, il y a presque autant de gardes-chasse et de gardes forestiers que de troncs dans les futaies. Mais avec la grande diminution des forêts, avec la destruction des haies on fait disparaître de plus en plus les retraites et les refuges des insectes ; la suppression de la jachère et l'introduction d'une culture rationnelle entravent de plus en plus le développement des larves sous terre, car la jachère, jadis en usage, était une heureuse période de propagation pour les larves d'insectes, les vers blancs et les colimaçons ; aujourd'hui chaque labour et chaque hersage d'un champ ramène des milliers de bêtes à la lumière mortelle du soleil ou les expose aux becs des corbeaux, des corneilles et des choucas, qui n'émigrent pas l'hiver et ne peuvent donc pas être pris au passage par les Italiens.

Tschudi frappe en passant sur la chasse des alouettes aux environs de Leipzig et des oiseaux dans la Thuringe, chasse d'autant plus fâcheuse qu'on entend de tous côtés se plaindre de la diminution de ce gibier. Au moyen âge on se livrait avec tant de passion à cette chasse, dans ces contrées, qu'il fallut arracher à ses filets, pour le mettre sur le trône, un des plus grands empereurs d'Allemagne, Henri l'Oiseleur. Mais, pour ce qui est des alouettes

de Leipzig, il serait aussi difficile de faire sentir aux
gens qu'il faut les laisser vivre, parce qu'elles mangent des vers, qu'il est facile de leur faire comprendre qu'il faut laisser vivre la brebis parce qu'elle
donne de la laine. En dehors de toute humanité, les
alouettes grasses de Leipzig sont un mets exquis, et
jusqu'ici on n'a pas entendu dire que les plaines de
Leipzig, si productives par la chasse aux alouettes,
aient souffert dans leurs récoltes.

En Italie, la destruction des oiseaux se fait en
grand, et Tschudi a pleinement raison quand il entre en campagne contre elle ; mais on doit dire aussi,
comme excuse, que l'occasion fait le larron et qu'il
est difficile de résister à la tentation. Au printemps,
les oiseaux, fatigués d'avoir traversé la mer, arrivent de bien loin pour se reposer sur la côte ; c'est
alors qu'on peut abattre avec des joncs la rapide
hirondelle et prendre la caille à la main. Je n'ai
jamais su me résoudre à chasser l'hirondelle,
comme je l'ai souvent vu pratiquer à Nice, mais
j'ai pris à la main plus d'une caille, quoique je ne
sois pas doué de grande agilité. Quand on a vu, il y
a quelques années, le vol de cailles qui s'étaient
égarées dans la ville même de Genève, quand on a
vu prendre à la main, dans tous les passages et dans
toutes les allées, ces pauvres bêtes, demi-mortes
de fatigue, on comprend bien qu'on ne résiste pas,
en pareille occasion, au désir de se donner un rôti
délicat. En résumé, il faut avouer que les Italiens
sont pleinement dans leur droit quand ils en dé-

truisent ce qu'ils peuvent ; car tous ces oiseaux qui, au printemps et pendant l'été, se nourrissent chez nous d'insectes, les fauvettes et les becs-fins, comme les pinsons et les grives, se jettent en automne sur les fruits du Midi avec un appétit insatiable aiguisé par le voyage. Ils se gorgent de raisins, de figues, d'olives, à tel point qu'ils ne peuvent pour ainsi dire presque plus voler ; sur toute la côte provençale de Nice à Marseille il y a un proverbe qui dit : « Saoûl comme une grive » ; on compare le vol incertain et les mouvements chancelants dus à un repas abondant, à l'ivresse que le raisin produirait sur les grives. A cette époque de l'année, les grives ont sur tout le corps une couche de graisse épaisse d'un doigt, et les fauvettes semblent avoir été roulées dans le beurre ; les gourmets reconnaissent, du premier coup d'œil, les oiseaux qui se sont engraissés avec des olives ; comme on le comprend aisément, ils sont bien inférieurs, comme goût, à ceux qui viennent des coteaux boisés et s'y sont nourris de baies aromatiques. Comment peut-on raisonnablement engager les Italiens à respecter les oiseaux qui détruisent leurs récoltes, parce que ces mêmes oiseaux, au printemps, mangent les insectes dans les pays du Nord où on se livre à d'autres cultures ?

Nous ne devons pas oublier que, en Italie, la chasse des oiseaux a été pratiquée de toute antiquité, et que, parmi les populations, jadis si nombreuses, de l'Italie, la destruction des oiseaux était relativement beaucoup plus considérable. Les Romains mettaient la grive au-dessus de toute la plume, comme le lièvre au-dessus de tout le poil[1] ; et tandis qu'aujourd'hui nous nous contentons de prendre au lacet les grives et les merles, les Romains les engraissaient. Varron et Columelle nous apprennent qu'on regardait un parc à grives comme aussi important en agriculture qu'aujourd'hui les poulaillers et les cages pour les oies. C'est Lucullus qui, d'après Plutarque, doit avoir inventé l'art d'engraisser les grives, et je ne serais pas étonné si de nouvelles recherches démontraient que les anciens pratiquaient sur elles le chaponnage. Les parcs à grives étaient obscurs et disposés de telle sorte que les oiseaux ne pouvaient apercevoir ni les champs ni les bois, afin que le désir d'y retourner et la nostalgie ne troublassent pas leur tranquillité et leur appétit. On voit, par ce détail, que les Romains connaissaient l'influence des localités obscures sur l'engraissement tout aussi bien que nos éleveurs d'oies actuels. On engraissait les oiseaux avec une sorte de pâtée faite de millet pelé et de figues écrasées auxquelles on ajoutait des baies de lierre, de myrte et de pistache pour donner plus d'arome à la chair ; après un traitement préalable, dans des espaces plus vastes, les animaux étaient mis à l'engrais pendant vingt jours encore dans une cage très

---

[1] Nil melius turdo. — Rien de meilleur qu'une grive, dit Horace dans une de ses lettres.

étroite et obscure, et, alors seulement, portés sur la table.

Il y avait une telle quantité de parcs à grives autour de Rome qu'on fumait les champs avec leur fumier et qu'on engraissait des bœufs et des cochons avec leurs restes [1]. Que peut-on dire de la chasse aux oiseaux qui se fait actuellement en Italie à côté de ces destructions en masse des grives et des oiseaux analogues ? Si Tschudi rapporte que, dans un seul district, 60 à 70,000 oiseaux sont détruits chaque année, c'est vraiment un nombre insignifiant à côté de la masse que les Romains sacrifiaient à leur bouche.

Si donc une cause qui agit sans cesse, depuis déjà 2,000 ans et plus, ne commence à exercer une influence sensible que lorsqu'elle est en décroissance, le mal qui doit nous en revenir ne paraît plus si grave. La diminution du nombre des oiseaux en général, et en particulier des oiseaux chanteurs dans nos environs, peut avoir quelques rapports avec leur destruction dans les pays méridionaux, mais elle ne peut pas en provenir uniquement. Elle vient, comme en général la diminution de toutes les bêtes sauvages, de circonstances bien plus impor-

---

[1] On trouve encore aujourd'hui, dans quelques contrées de l'Italie, un souvenir de ces établissements romains. quoique sur une plus petite échelle ; seulement on engraisse aujourd'hui des ortolans. Dans une maison de campagne, près de Gênes, j'ai vu un engraissage d'ortolans qui était occupé par environ 5,000 bêtes et sentait plus mauvais qu'une porcherie

tantes : de l'envahissement continu de la culture, du dessèchement des marais et des tourbières, de l'extension du travail non interrompu du sol sur toutes les superficies qui enlèvent tout refuge aux bêtes sauvages dont les oiseaux font partie. Cette culture toujours croissante, cette influence souveraine et irrésistible ne peuvent pas trouver un obstacle dans des faits dont personne, cependant, ne saurait contester l'importance. Le mouton est sans contredit un des animaux domestiques les plus utiles, et, abstraction faite de la matière nutritive qu'il nous fournit, on peut hardiment soutenir que la civilisation dans nos contrées tempérées eût été impossible sans la laine ; cependant les progrès de la culture font peu à peu disparaître, dans cette partie du monde, le mouton comme producteur de laine et ne le conservent que comme machine à faire de la viande. La production de la laine demande de vastes étendues de bruyères, des plaines comme dans la Haute Silésie, où, d'après l'expression de Léopold de Buch, on ne voit que le ciel, des barons et des moutons. Les conditions de l'existence du mouton, comme producteur de laine, disparaissent chaque jour de cette partie du monde, et la production de la laine, si nécessaire qu'elle puisse être à notre existence, s'est en grande partie réfugiée en Australie. De même, bien qu'on protège de plus en plus les oiseaux et qu'on cherche autant que possible à supprimer toutes les causes de leur rapide disparition, ils diminueront de plus en plus dans nos contrées, parce que l'homme réclame toute la place pour lui et sa subsistance.

Tschudi a bien senti cela, et, parmi les moyens qu'il recommande, se trouvent bien des demi-tentatives de retour en arrière qui ne sont guère acceptables. Il faudrait planter de grands arbres forestiers dans les champs, autant que possible les entourer de haies vives, pour que les petits oiseaux puissent s'y établir. Eh bien ! demandez aux agriculteurs bernois ce qu'ils pensent des chênes dressés de tous côtés dans les champs, près de Fribourg, avant la construction du chemin de fer qui les a employés pour ses traverses. Chaque chêne, sans compter le dommage causé par son ombre aux céréales, répand autour de lui une quantité notable de bêtes nuisibles qui, de ce château fort, se précipitent sur les champs voisins. Dans chaque haie vive grouille dix fois plus de vermine que ne peuvent en détruire les oiseaux chanteurs qui y habitent.

Pour se convaincre de cette vérité il suffit de jeter un regard sur les innombrables paquets de chenilles qui sont accrochés, sans qu'on puisse les détruire, aux épines des haies privées de feuilles. Celui qui s'occupe d'agriculture ou de jardinage, celui qui n'est pas assez riche pour avoir un parc et qui doit utiliser chaque coin de terre (le plus grand nombre se trouve dans ce cas), malgré le charme du chant de la fauvette, arrachera les haies vives, s'il le peut, et à leur place il choisira un moyen de clôture qui offre moins de refuges et protège mieux. « Les forestiers, dit Tschudi, doivent laisser dans les forêts les vieux arbres creux pour que les oiseaux utiles y puissent commodément faire leur nid ». Mais les forestiers vous répondront que la population a besoin de bois avant tout, qu'un arbre vieux et creux ne produit plus de combustible et prend la place d'une demi-douzaine de jeunes sujets qui poussent du bois ; que l'homme veut d'abord être logé, cuire ses aliments et se chauffer, avant de songer où les oiseaux peuvent trouver un abri. Il faut donc bien observer le choix des moyens, arrêter cette fureur de destruction par la poudre, les lacets, l'enlèvement des nids, mais, pour tout le reste, ne pas se laisser entraîner par sentimentalité à recommander des choses inexécutables.

Aux animaux nuisibles appartiennent incontestablement les faucons, les éperviers, les hobereaux et les milans, la cigogne et la pie. Par rapport à ces deux dernières bêtes, je crois entendre quelques contradictions. La *cigogne* n'est-elle pas poétisée chez tous les peuples civilisés et même honorée à ce point qu'elle forme le cachet spécial de la ville de Strasbourg, où on la voit reproduite des centaines de fois dans les sculptures de la cathédrale ; ne croit-on pas que c'est une bénédiction pour une maison quand une paire de cigognes y fait son nid, et ne place-t-on pas, sur le haut des pignons, des roues **pour les attirer ? Elles sont très utiles au** couvreur, car elles lui donnent bien vite de l'ouvrage. Les cigognes étaient, chez les Grecs, le symbole de la modération, de la fidélité conjugale, de l'amour paternel. Les Athéniens avaient une loi qui leur empruntait son nom et qui imposait aux enfants le devoir de nourrir leurs vieux parents. Elles étaient pour les augures un présage favorable comme signe de concorde et de paix, et les apothicaires les ont prises comme animal héraldique, dans leur blason sans tache, à cause de leurs attributs de bienfaiteurs de l'humanité et d'inventeurs du clystère.

Tout cela est vrai, mais ces fameuses qualités morales n'existent pas plus que leur utilité matérielle pour l'homme. La cigogne est l'animal le plus méchant, le plus colère, le plus féroce et le plus égoïste qu'on puisse imaginer. Semblable à l'assassin, elle tue, même quand sa faim est apaisée ; elle attaque la femelle en train de couver ou les petits de sa voisine, et quant à ce qui est de sa fidélité conjugale si renommée...

Dans un village près de Soleure nichait, depuis quelques années, une paire de cigognes. Un jour on remarqua, peu de temps après leur retour, que chaque fois que l'époux s'envolait pour chercher sa nourriture, un jeune mâle venait au nid et faisait le beau avec la femelle. Repoussé au commencement, le jeune mâle continua ses tentatives et finit par gagner si bien les bonnes grâces de la femelle qu'un beau jour ils s'envolèrent tous deux ensemble vers la prairie où le mari guettait des grenouilles, et le tuèrent à coups de bec.

Nous trouvons la cigogne principalement dans les prairies humides, le long des fossés pleins d'eau, mais jamais dans les endroits exposés au soleil ; sa principale nourriture consiste en grenouilles, en couleuvres à collier et en taupes qu'elle enlève d'un coup de bec rapide au moment où celles-ci soulèvent la terre. On prétend qu'elle détruit également les venimeuses vipères ; cependant, on ne la rencontre jamais dans les coteaux exposés au midi, dans les endroits pierreux et les bordures de forêt bien sèches, où se tiennent les vipères. Mais les grenouilles, les crapauds et les taupes qu'elles détruisent avec passion sont plutôt utiles à l'homme, et jusqu'ici la couleuvre n'a fait de mal à personne. La souris des champs, qui préfère les terrains secs et fuit les prairies humides, rencontre rarement la cigogne sur son chemin, et les jeunes oiseaux de marais, victimes de cet échassier, sont autant de rôtis délicats de moins dans notre cuisine. Son vaste nid offre, il est vrai, aux moineaux un emplacement pour se faire un abri. Mais voyez comment se conduit le père aux longues jambes, s'il vient à avoir faim, et que, par caprice, il ne veuille pas voler : il allonge tout à coup son long cou, fouille avec son bec, saisit le premier locataire venu du rez-de-chaussée de son palais et le dévore avec appétit.

J'ai beau chercher, mais je ne trouve pas les pré-

tendus services rendus à l'homme par la cigogne, sur lesquels on s'appuye pour la recommander à nos bontés.

Comme deuxième oiseau nuisible j'ai nommé la *pie*, et je maintiendrai mon opinion, même contre les membres de la Chambre des Seigneurs de Saxe, qui ont donné au monde une preuve saisissante des préjugés encore vivants de notre temps, en faisant publier une invitation de tuer des pies pour l'établissement des Diaconesses, pendant une certaine époque consacrée, si je ne me trompe, du 20 décembre au 8 janvier. De ces pies, tuées à une époque sainte, les pieuses femmes font une poudre qui guérit inévitablement de l'épilepsie et a déjà rendu la santé à des milliers de personnes.

Sainte naïveté ! Je connaissais au Val de Travers un pharmacien qui, tous les ans, vendait une assez jolie quantité de poudre anti-épileptique faite de taupes réduites en cendre ; mais cet homme n'en faisait pas une jonglerie religieuse. Il prenait les taupes comme on les lui apportait, et si les taupes venaient à manquer, ou que les demandes de poudre augmentassent, de temps en temps une souris ou un rat entrait dans son four, ce qui ne causait aucun préjudice à la vertu de la poudre, car s'il y a en elle un principe efficace, il ne vient ni des diaconesses, ni de l'époque sainte, ni des prières, mais seulement de l'huile empyreumatique qui se développe quand on carbonise une matière animale en vase clos. Peut-être appartient-il « aux signes du temps » qu'une semblable recommandation vienne d'une telle assemblée.

Mais si les membres de la première Chambre de Saxe croient avoir travaillé pour l'humanité souffrante en faisant tuer pour les diaconesses beaucoup de pies sur leurs domaines, ils se sont certainement rendus à eux-mêmes les plus grands services, car la pie, Rossini nous l'a depuis longtemps prouvé dans son opéra, non seulement est voleuse, puisqu'elle cache dans son nid toutes sortes d'objets brillants, mais elle est en même temps un animal haïssable, aimant le meurtre ; elle fait plus de mal aux jeunes poulets et aux jeunes canards que les oiseaux de proie, et poursuit, sans relâche, tous les petits oiseaux qui se montrent autour de sa résidence ; aucun oiseau chanteur ne peut nicher dans les jardins fruitiers et les bosquets où elle se tient volontiers, et, d'un autre côté, elle n'est pas en état de remplacer les services des chanteurs pour la destruction de la petite vermine. Il est d'autant plus incompréhensible que la pie, en tant d'endroits, et notamment dans les pays allemands, soit protégée par la crainte d'un préjugé. Dans le dialecte suisse, les œils de perdrix sont nommés « œils de pies », et le peuple a la ferme persuasion qu'il arrivera un grand malheur à celui qui a tué une pie. Jérémias Gotthelf a pris ce préjugé pour sujet d'un de ses premiers contes, et dans beaucoup de localités du canton de Berne on ne voit, dans le voisinage des villages et des fermes isolées, que des pies qui se promènent en hochant la queue ; elles ont complètement détruit ou chassé les oiseaux chanteurs du voisinage.

Aux oiseaux certainement utiles appartiennent, avant tout, les lourds oiseaux de proie, auxquels leurs courtes ailes ne permettent pas de poursuivre et happer au vol les autres oiseaux. Leur nature les destine aux petits mammifères, tels que les souris, les mulots, les rats et les taupes, et aux gros insectes, tels que les hannetons et les sauterelles. Quelquefois un jeune levreau ou un perdreau tombent sous leurs serres, quoique ce soit fort rare. Les busards de toute espèce, la bondrée, la harpaye, mais surtout la buse proprement dite sont, à ce point de vue, des oiseaux éminemment utiles. Ces lourds oiseaux, que leur épais plumage protège contre un bon coup de fusil tiré par devant, restent des heures entières perchés sur une grosse branche saillante au bord d'un bois, sur un rocher élevé, sur un tronc d'arbre ; ils sont là immobiles comme des statues, pendant que leurs yeux surveillent les champs voisins ; s'il n'y a pas de gibier dans la localité, ils volent près du sol à coups d'ailes lents et nonchalants vers un autre poste, où ils recommencent leur silencieuse observation. Tout à coup ils s'élancent sur le sol, moitié volant, moitié sautant, enfoncent profondément en terre leur bec et leurs griffes et en retirent une taupe ou une souris, qu'ils tuent de quelques coups de bec pour la manger ou la porter à leurs petits, lourds, hideux, affamés et toujours criants ; on les a souvent pris par erreur pour des aiglons. Pour de semblables services le paysan les cloue avec grande joie sur la porte de sa grange, et Monsieur le Maire, après vérification de la prise, paie la prime établie comme pour un grand oiseau de proie, en admirant convenablement les soins paternels que le gouvernement prend pour l'agriculture.

Les *hibous*, comme tous les oiseaux de nuit, ont contre eux le préjugé. Leur vol semblable à celui des esprits silencieux, leurs yeux gros, ronds et brillants, et, avant tout, leur cri sinistre, ont, de tout temps, donné mauvaise réputation à la race des hibous. C'est sans doute le cri éclatant des grandes espèces qui a donné naissance à la légende populaire de la chasse infernale. Il est vrai que, chez les Grecs, le hibou était le symbole de la sagesse, et Pallas Athénée ne paraît jamais sans être accompagnée de l'oiseau philosophique, qui réfléchit aux problèmes les plus élevés de la science dans le creux des arbres, les fentes des rochers et les trous des murs [1]. Mais les hibous, malgré cela, étaient déjà, chez les Grecs, des oiseaux de mauvais présage, et chez les crédules Romains ils excitaient un véritable effroi. « Tous les oiseaux de nuit, dit Pline, avec des ongles aux serres, comme les hibous, l'orfraie, et surtout le *strix-bubo* (le grand-duc), sont des pré-

[1] M. Schliemann prétend même que la fille de Jupiter avait primitivement une tête de hibou et que de là vient l'épithète « glaucopis ».

sages souverainement fâcheux pour les affaires publiques. Le *strix-bubo* notamment n'aime que les localités solitaires et même les endroits redoutables et difficilement accessibles. C'est un animal monstrueux, qui ne chante ni ne crie ; il ne fait que pleurer et gémir sans interruption. Si on le voit dans le jour près d'une ville ou n'importe en quel endroit, il signifie une affreuse catastrophe. » Cependant Pline ajoute, en matière de consolation, qu'il connaît plusieurs habitations sur lesquelles cet oiseau s'est posé, sans qu'il s'en soit suivi pour cela un malheur notable. « Sous le consulat de Sextus Papilius Ister et de Lucius Pedanius, un grand-duc s'égara jusque dans le sanctuaire du temple de Jupiter, ce qui causa une frayeur indicible dans toute la population, à ce point qu'on fit des processions générales et des sacrifices pour apaiser les dieux irrités. »

Les mêmes préjugés existent aussi chez nous, et, dans l'énumération de divers présages effrayants, Jérôme Jobs dit : « Un hibou à minuit a poussé sur l'église son cri lamentable ».

Le grand et le petit chat-huant sont les oiseaux de la mort ; leur appel lamentable près d'une maison indique que le malade va bientôt mourir. Cela n'arrive qu'à la campagne, car dans les villes l'éclairage au gaz fait quelque tort à la puissance du hibou. De même que, suivant l'affirmation de Henri Heine, un fantôme ne peut pas se promener dans Paris, parce que, à minuit, l'heure des revenants, la ville est aussi vivante que l'Allemagne en plein jour ; de même le prophète de mort ne peut exercer son art que près des maisons isolées. Il y est attiré, comme tous les animaux nocturnes, par les lumières auxquelles il n'est pas accoutumé ; car il faut que cela aille mal et que le paysan soit bien malade pour que la lampe de nuit reste allumée.

Après cela doit-on s'étonner si les hibous et les chats-huants, qui accourent à une lumière inaccoutumée, ne poussent leurs hurlements lamentables que dans le voisinage d'un malade en danger de mort ? Observez seulement tout ce qui grouille contre une fenêtre ainsi éclairée, des cousins et des mouches, de petits et de grands papillons de nuit, çà et là un cerf-volant, un stercoraire, qui se lancent violemment contre les vitres comme s'ils voulaient les briser, et vous comprendrez qu'une lumière brillante, dans la campagne, doit attirer de quelques kilomètres à la ronde tous les rôdeurs nocturnes ailés ou non.

Malgré cela, les hibous sont, sans comparaison, les animaux les plus utiles et une vraie bénédiction pour les localités où ils s'établissent. Les heures pendant lesquelles ils volent leur donnent comme proie la vermine nocturne, et, s'ils happent par ci par là un petit oiseau, les souris et les insectes de nuit sont leur vrai gibier. Quand Tschudi raconte qu'une paire de hibous, en une seule nuit de juin, porta à ses petits onze souris et qu'on a trouvé dans l'estomac d'une chouette 75 larves de ces chenilles si nuisibles du bombyx du pin, il caractérise d'une façon générale l'action des hibous. Non seulement on devrait protéger ces animaux, mais même les soigner et les encourager à établir leur domicile près des villages et des habitations. La plupart des hibous se laissent apprivoiser ; leurs mouvements et leurs gestes singuliers n'en font pas de désagréables compagnons. Un observateur français raconte qu'il avait dans sa maison une chevêche, qui était un charmant oiseau. Elle se laissait caresser même le jour, et quoiqu'elle prit volontiers toute espèce de nourriture, elle préférait la viande crue qu'elle défendait vigoureusement si on voulait la lui enlever ; le jour elle allait dans le jardin chasser les insectes, et même en hiver, où on n'en trouve presque aucun, elle rejetait, deux fois par jour, une crotte de la grosseur d'une noix, composée d'ailes et de pattes non digérées. Elle poursuivait également les petits oiseaux et se précipitait sur ceux qui étaient empaillés, dans l'espoir de les manger.

Il y avait en même temps, dans la maison, une corneille-choucas qui vivait en bonne camarade avec un chien, et la chevêche était si amie avec un chat qu'ils dormaient souvent ensemble dans le même panier. La corneille et la chevêche étaient ennemies déclarées ; mais comme elles étaient toutes deux de force à peu près égale, après quelques combats très vifs elles s'évitèrent, et elles s'étaient si bien partagé le jardin, qu'aucune des deux ne pénétrait sur le domaine de l'autre. Mais, la nuit, la chevêche était seule maîtresse, et elle piétinait si activement dans le jardin qu'on l'aurait prise pour un rat.

Les hibous sont de vrais chats ailés par leurs habitudes, leur nourriture et leur gibier, et ils rendent dans les champs les mêmes services que les chats dans des endroits clos. Il est vrai que le cri du hibou n'est pas une agréable musique ; mais le miaulement du chat en amour n'est vraiment pas bien mélodieux, et les chats mangent parfaitement, sans aucun remords, oiseaux, levreaux et viande. On prend soin du chat, comme animal domestique, quand il a quatre pattes ; on le poursuit quand il vole.

Parmi les petits oiseaux, comme j'ai déjà eu occasion de le remarquer, les plus utiles sont les vrais mangeurs d'insectes, quoiqu'il y en ait aussi parmi eux qui peuvent se vanter d'être complètement méconnus. La pie-grièche et l'écorcheur qui embrochent sur les buissons les plus gros insectes et quelquefois aussi s'attaquent aux petits oiseaux et aux souris, tous les petits chanteurs, comme les fauvettes, les rouges-gorges, les rouges-queues, les rossignols et les lavandières qui cherchent leur nourriture, et particulièrement les dernières, sur la terre, au bord de l'eau et dans les champs fraîchement retournés, la querelleuse mésange, le grimpereau, le roitelet, le torche-pot qui enlèvent avec adresse les larves sur les arbres et les arbustes ou souvent même les font sortir à coup de bec de des-

sous l'écorce, le pic-marteleur, le torcol, les becs-
fins à large gueule, qui prennent les insectes au vol,
le gobe-mouche, l'hirondelle ordinaire, le martinet,
l'engoulevent ou hirondelle de nuit, enfin toute la
famille des corbeaux (*corvidés*) qui va vêtue simplement de noir, comme les étourneaux, les choucas, les corneilles, qui se nourrissent principalement de vers, de larves et de charogne, tous ces
oiseaux sont à nos yeux des animaux utiles, qu'il
faut protéger et soigner. On peut disputer sur les
merles proprement dits, les pinsons et les gros-becs,
utiles ou nuisibles suivant les circonstances ; dans
nos contrées, les grives qui se nourrissent de baies,
les litornes, les mauvis et les merles ne font pas les
plus petits dégâts, car ces oiseaux se tiennent de
préférence dans les genévrières et les sorbiers,
qu'on ne saurait utiliser autrement. C'est aussi à
tort qu'on poursuit la grive des vignes en l'accusant
d'être friande de raisin ; elle ne cherche dans les
vignobles que des vers et des limaces. Mais un oiseau extrêmement nuisible est sans contredit la
draine ou grive du gui (*Turdus viscivorus*), la plus
grosse de toutes les espèces indigènes, qui se tient
chez nous tout l'été et a une passion toute particulière pour cet arbuste parasite qui joue un si grand
rôle dans la mythologie du Nord. Les baies du gui
sont la principale nourriture de cette espèce de grives à la fin de l'automne, et comme les graines tra-
versent leur corps sans être digérées et en restant
entourées d'une matière qui les fait adhérer faci-

lement partout, ces grives sèment de tous côtés
le nuisible parasite sur les arbres où elles se
posent.

Les *pics* sont peu aimés des forestiers qui les ac-
cusent de causer des dommages sérieux aux arbres
par leur martelage ; cependant Tschudi a parfaitement raison lorsqu'il prend sous sa protection et
recommande à nos soins ces compagnons courageux
et robustes, malgré leur travail de charpentier.
Leurs coups ont double motif. Tantôt ils ouvrent à
coups de bec de longues fentes dans l'écorce et
l'aubier jusqu'au bois pour y piquer avec leur langue pointue les insectes et les larves qui creusent
immédiatement en dessous. Tantôt ils ne font que
frapper pour faire sortir les insectes de leurs retraites de l'autre côté de l'arbre. C'est pour cela
que, après quelques coups, on les voit se glisser de
l'autre côté du tronc avec une rapidité extrême e
là examiner avec attention les fentes de l'écorce.
L'opinion publique s'imagine, il est vrai, que le pic
perce les arbres et ne se précipite si vivement sur
l'autre face que pour y voir si la pointe de son
propre bec a traversé. Dans ce cas on lui attribue
une forte dose de bêtise, mais d'un autre côté le
pic noir joue un grand rôle dans les vieilles histoires allemandes par l'habileté avec laquelle il sait
découvrir la racine mystérieuse qui ouvre toutes les
serrures.

Si utiles que soient les pics, ils peuvent, dans
des cas **donnés**, **causer de très grands ennuis. Un**

de mes oncles avait construit une cabane sur une place libre dans un bois qui lui appartenait. C'était, en été, le but de ses promenades. L'emplacement était joli, ombragé par des pins et de hauts mélèzes avec un petit ruisseau murmurant dans le voisinage. Nous y pêchions des écrevisses, pendant que l'oncle fumait sa pipe après déjeuner. Toute cette idylle fut troublée par un pic qui, avec une ténacité diabolique, avait choisi pour retraite l'intérieur de la cabane. Il était entré par la cheminée et avait fait de grands ravages dans le revêtement de bois, qui était habité vraisemblablement par quelques vers. L'oncle fit mettre une trappe à la cheminée. Le lendemain le pic avait fait un trou gros comme le poing dans la trappe de bois et était rentré dans la cabane. On garnit la trappe de fer blanc. Lorsque la fois suivante l'oncle ouvrit la porte, le pic lui vola presque dans la figure et s'échappa à grand bruit d'ailes. Il avait percé un trou dans le volet et l'appui de la fenêtre. Nouvel appel au ferblantier qui dut garnir le volet. Lorsque l'oncle revint quelques jours après, il vit devant lui un grand trou dans les épais madriers de la porte, qui avaient résisté jusque-là à toutes les tentatives des vagabonds du pays. La colère du propriétaire ne connut plus de bornes ; un piège fut tendu et l'intrus y fut pris. Mais l'oncle était un brave employé des contributions, pressurant les contribuables jusqu'au dernier sou, mais incapable d'écraser une mouche. Lorsque l'oiseau qu'il avait empoigné d'une main vigoureuse le regarda avec des yeux presque suppliants, il en eut pitié. Il donna à un petit mendiant, qui cherchait des fraises, l'oiseau et quelques sous, pour aller tordre le cou au pic dans un endroit écarté. Le lendemain, le pic était de nouveau dans la cabane. Le gamin avait mis les sous dans sa poche et lâché l'oiseau. L'oncle renonça à la lutte, et la cabane tomba, car il ne la visitait plus. Mais le pic s'y trouvait bien, et il mit en pièces les derniers débris, avec lesquels, l'automne de l'année suivante, nous allumâmes du feu pour cuire des pommes de terre.

Depuis le temps de Procné, de charmantes croyances et de séduisants préjugés se sont attachés au peuple des *hirondelles* qui volent si légèrement. Tobie dut, il est vrai, son infortune à une hirondelle, et les naturalistes ont vainement cherché, jusqu'à présent, le poison que l'ange trouva pour lors si aisément, et qui aurait rendu inutile le docteur Graefe, de Berlin, et tous ses élèves, voire même le docteur Liebreich, autrefois à Paris. Il est bien certain que les nids des hirondelles dans les corniches des maisons signifient encore aujourd'hui du bonheur, et quoique l'arrivée d'une seule hirondelle ne fasse pas la belle saison, le paysan comme le citadin épient le gai gazouillement qui annonce leur venue, et préjugent de l'hiver qui approche, par leur départ prompt ou tardif. Au moyen âge, les hirondelles portaient dans leurs corps des panacées pour toutes les maladies. Chaque membre avait une vertu particulière. Les muscles de la poitrine broyés étaient le meilleur contre-poison contre la morsure des serpents et la piqûre des scorpions ; la fiente délayée avec de l'eau et prise en boisson préservait de la rage et du délire ; les jeunes hirondelles étaient pilées dans un mortier, distillées avec du castoreum et du vinaigre, et cet affreux mélange donnait la fameuse eau d'hirondelles qui, comme le vrai et pur tabac de Schneeberg, guérissait toutes les congestions cérébrales et toutes sortes d'infirmités même ; il fallait ne l'employer que dans les cas les plus graves, car elle faisait immédiatement tomber les cheveux. Être chauve n'était pas une recommandation alors pour un savant ou un homme d'État, comme ce fut le cas plus tard en France du temps de Guizot, où la calvitie sur un crâne jeune témoigna de nuits passées ardemment au travail et ouvrit aisément le chemin de l'Académie ; on ne sacrifiait l'ornement de sa tête que dans le danger le plus pressant pour sauver sa vie.

La douceur des lois toscanes est connue. Malgré cela, les hirondelles y étaient placées parmi les oiseaux mal famés, et, comme les oiseaux de proie, les corbeaux et les moineaux, déclarées oiseaux francs. Pour les autres petits oiseaux, la loi avait des prescriptions protectrices qui, à vrai dire, ne sont observées et respectées nulle part ; mais elle ne contient pas un mot pour les hirondelles. Aussi, avec quelle ardeur on tombe sur ces pauvres bêtes pendant le temps où la chasse est fermée, le port du fusil puni et la pose des pièges et des lacets pour les autres oiseaux défendue. De tous côtés pendent des filets de soie verts et très fins que les pauvres hirondelles ne voient pas dans leurs rapides évolutions ; de tous côtés voltigent des hameçons garnis de coléoptères ou de sauterelles en vie qu'elles avalent gloutonnement pour se prendre.

L'hirondelle de nuit ou *engoulevent* est à l'hirondelle ce que le hibou est au faucon. Sa tête courte, épaisse, avec de gros yeux ronds, son plumage sombre, son vol silencieux, son cri désagréable, son sommeil pendant le jour dans des endroits écartés, tout cela ressemble aux hibous et appartient aux caractères des oiseaux de nuit qui commencent et terminent leur vie active avec l'obscurité. Le bec est extrèmement mince et flexible, le gosier large, et, par leur construction intérieure, les engoulevents (crapauds volants) tiennent de très près aux hirondelles et surtout aux martinets. La défiance que les engoulevents inspirent, comme tous les animaux nocturnes, remonte jusqu'aux anciens Grecs ; on prétend qu'ils sucent jusqu'à épuisement complet les mamelles des chèvres. Un coup de leur aile rend le bétail aveugle, et leur cri lamentable, qui ressemble à celui de la chouette avec quelque chose de plus perçant encore, présage, comme celui des hibous, tous les malheurs possibles. Une espèce de l'Amérique du Nord n'a pas, chez les habitants de ces contrées, une moindre réputation que la chouette en Europe, et ceux qui ont lu les romans de Cooper peuvent se rappeler les scènes fréquentes où le cri du Whippoor-Will, retentissant tristement dans la nuit, annonce une surprise menaçante des Indiens ou un simple malheur.

Dernièrement encore, un de ces engoulevents a donné lieu à une méprise excusable. C'était dans une campagne au bord du lac de Genève, où un grand seigneur, ami des sciences, se délasse quelquefois pendant l'été. « Avons-nous des reptiles dangereux dans ce pays » ? me demanda-t-on à dîner. Et moi d'énumérer les vipères, couleuvres, lézards, crapauds et grenouilles. « Ce n'est pas cela, me fut-il répondu. Le chef des travaux, brave enfant de Paris, a vu dans la forêt un hideux animal de plus d'un pied de long, couleur de terre. Sa tête était grosse comme celle d'un chat, il avait des écailles hérissées et rampait à terre sur de courtes pattes. A son approche, l'animal a ouvert une gueule large comme la paume de la main, rouge de sang, effrayante ! L'homme a reculé en tirant son couteau — mais étant à quelque distance, il s'est sauvé à toutes jambes. » Je me creusai inutilement la tête pour trouver un nom au phénomène, et les épigrammes tombaient, drues comme grêle, sur les savants qui connaissent les bêtes du monde entier et qui ignorent celles qui sont à leurs portes ! Nous nous séparâmes sans avoir trouvé une explication satisfaisante.

C'était une de ces soirées tièdes, embaumées, où,

par un beau clair de lune, on aime rêver à la fenêtre avant de se coucher. Je fus tiré de mes rêveries par un cri lointain. Je dresse l'oreille — le cri se répète — il n'y a plus à en douter, c'est le cri de l'engoulevent ! Et je voyais la pauvre bête, blottie au plus épais du fourré, dormant du sommeil du juste et réveillée soudainement par l'intrus, qui parcourt la forêt. L'oiseau, surpris, se presse contre terre, étalant sa queue, rampant sur ses courtes pattes, ouvrant enfin sa large gueule en poussant la respiration avec un son rauque et sifflant !

Inutile d'ajouter que le professeur parut rayonnant au déjeuner et que le crapaud-volant fut proclamé à l'unanimité l'explication de l'énigme de la veille.

Mais il faut ici combattre le préjugé populaire aussi vigoureusement que pour les hibous, car les engoulevents appartiennent, comme leurs cousins, aux oiseaux les plus utiles qui existent. Ils ne traient pas, n'aveuglent pas, ils ne mangent ni grain, ni viande ; ils happent avec une voracité incroyable tous les insectes de nuit, parmi lesquels se trouvent nos principaux ennemis. Ces grands coléoptères qui bourdonnent dans l'obscurité et dont les larves rongent les racines et les boi, ces lourds papillons de nuit dont les chenilles dévastent nos arbres et nos légumes, toute la petite vermine, les teignes et les mouches, les taons et les cousins trouvent un tombeau dans le vaste gosier de l'engoulevent qui rôde dans les écuries et dans les étables pour cette seule raison que la vermine aussi s'y rassemble. Qu'on le laisse donc faire librement ; il ne trouble le sommeil de personne, et, la nuit, il travaille pour l'homme qui, en récompense, le méconnaît et le poursuit.

J'arrive en dernier lieu au *coucou*, au plus décrié des oiseaux, et peut-être au plus utile que nous connaissions. C'est le sonneur infatigable du printemps et de l'été qui approche. Il est mêlé à cent histoires et, d'après la fable, au concours de chant il remporta le prix sur le rossignol, parce qu'il chantait le plain-chant et que l'âne, comme de raison, était juge. Nous l'avons tous entendu, mais peu de nous ont aperçu le bel et craintif oiseau qui s'expose rarement aux coups de fusil. Il est très malin, ne construit pas de nid, mais, en ami de la fauvette, de la lavandière ou du roitelet, il dépose ses œufs dans le nid d'un de ces petits oiseaux qui soignent mieux le jeune coucou que leurs propres enfants ; ils les laissent dépérir pour soigner l'intrus ! C'est peut-être par indignation morale contre le mauvais exemple qu'il donne à l'homme que le Conseil d'Uri a, jusque dans ces derniers temps, donné une prime pour chaque coucou tué. Détruire cet oiseau était une action patriotique. Cette idée de poursuivre le coucou au nom de la morale outragée ne remonte-t-elle pas plus haut, jusqu'aux vieux et maussades temps ? Était-elle peut-être fondée sur la situation d'un des plus hauts magistrats de la vieille et noble république, qui ne pouvait entendre le cri du coucou sans y trouver une allusion ? Quoi qu'il en soit, il est bien certain que, jusqu'à une époque peu éloignée, le coucou était proscrit dans le canton éclairé d'Uri, où la bastonnade et la schlague sont encore en force de loi, et qu'il vient seulement d'être rétabli dans ses droits primordiaux.

Le coucou ne joue pas un moindre rôle dans les superstitions ; il signifie le diable, quand on n'ose pas l'appeler par son nom. « Que le coucou te prenne ! Va-t-en au coucou ! » sont des expressions courantes, et si son cri indique les années et les saisons, il présage aussi une foule de choses à venir. On dit du phtisique, qui s'éteint au printemps, qu'il n'entendra plus chanter le coucou ; à la jeune fille amoureuse il indique pendant combien d'années elle doit attendre son amant ; aux enfants combien d'étés ils ont encore à vivre. Si on a beaucoup d'argent dans sa poche, quand on entend chanter le coucou pour la première fois, on reste riche tout le long de l'année. Il est réellement malheureux que, pour les citadins du moins, cela n'arrive guère que dans des parties de campagne où l'on n'a pas l'habitude de porter beaucoup d'argent sur soi. « Les vieilles femmes, dit un vieil auteur français, qui ne peuvent plus espérer ni un chaud amour ni une vie fort longue, se contentent habilement de ramasser un peu de la terre sur laquelle était posé le coucou au moment où elles l'ont entendu pour la première fois, et regardent cette terre comme un bon préservatif contre les puces ; si le coucou est sur un arbre, un peu de la terre sur laquelle pose le pied droit a la même vertu. »

D'autres histoires encore circulent parmi les forestiers et les paysans. En automne, l'oiseau est épervier et au printemps coucou ; d'aucuns le changent l'hiver en un crapaud qui se met dans le creux des arbres ; d'autres savent quelque chose de ses migrations. Si la fauvette nourrit les petits du coucou, le milan l'emporte du pays et le rapporte sur son dos.

Et la vérité de tout cela ? C'est que le coucou détruit les chenilles des futaies. Il mange aussi d'autres insectes ; mais les chenilles hérissées de poils et de piquants, les chenilles processionnaires noires et velues, qui ont des propriétés venimeuses, sont celles qu'il préfère pour ses repas journaliers. Il s'en remplit tellement l'estomac qu'on a cru d'abord cet organe garni de poils ; ce sont simplement les poils pointus des chenilles qui se piquent dans les membranes de l'estomac et sont feutrés par ses contractions. Le coucou peut rendre d'incroyables services par sa voracité. « Je ne m'étonne plus, raconte Ratzebourg, l'illustre observateur des insectes des bois, que nos nids de chenilles se soient dépeuplés si vite, depuis que j'ai vu qu'un coucou s'était établi dans le voisinage. »

TROISIÈME LEÇON

Messieurs !

La classe d'animaux dont nous devons nous occuper aujourd'hui inspire, en général, un dégoût involontaire. Quoique j'aie longtemps étudié, je pourrais presque dire avec amour, les habitudes et la vie de quelques-uns de ces animaux, il m'est impossible de résister complètement à une sensation désagréable, à une sorte d'horreur, lorsque je suis sur le point de prendre dans la main un serpent ou une grenouille, une salamandre ou un crapaud. Cette impression froide, cadavéreuse, l'odeur repoussante de la sécrétion visqueuse de leur peau, leurs mouvements étranges, leur passage subit de l'immobilité à un mouvement prompt comme l'éclair, le mystère de leur vie et des demeures qu'ils choisissent, leur nature rampante, méchante, veni meuse, attributions justes pour quelques-uns seulement, fausses pour la plupart, tout se réunit pour empêcher les reptiles de paraître des hôtes agréables. Quand on n'y est pas préparé, l'impression de froid que produit une grenouille, par exemple, est la sensation la plus antipathique qu'on puisse imaginer. On a, par ce moyen, découvert des tromperies que l'on aurait vainement cherché à dévoiler de toute autre façon.

Il y a quelques années, un certain Regazzoni parcourait tous les pays et s'enrichissait de la crédulité publique avec le magnétisme, la seconde vue, le somnambulisme et autres artifices pour l'exécution desquels il avait quelques excellents sujets. Il avait surtout une femme extraordinaire comme exemple d'insensibilité corporelle. Plongée dans le sommeil magnétique, elle ne donnait pas le moindre signe de sentiment, quand même on lui causait les plus vives douleurs. Pour les savants, ce résultat d'études stoïques n'avait rien de trop étonnant ; l'atroce puissance d'imagination que des femmes ont déployée pour se martyriser et se rendre remarquées est vraiment incroyable. Les annales de la médecine sont pleines de faits analogues ; des intrigantes se sont fait des blessures qui les conduisaient aux bords du tombeau, rien que pour intéresser le médecin crédule et lui faire écrire une brochure sur ce cas extraordinaire. C'est ainsi que la stoïcienne de Regazzoni supportait, sans le moindre tressaillement, des douleurs réelles. Sa

réputation se répandait avec celle de l'illustre professeur, et de tous côtés des gens apportaient leur
argent pour contempler crédulement ce miracle.
Mais cela eut une fin à Francfort. Un de mes amis
voulut démasquer la tromperie ; il avait dans sa
poche une grenouille vivante qu'il glissa subitement dans le dos de la dormeuse insensible.
Elle poussa un cri, fit un mouvement : la farce était
jouée.

Nous n'avons dans nos contrées que deux espèces
de serpents venimeux, et ils sont relativement si
rares que très peu de gens les ont vus ou en ont
été menacés. On peut donc presque nier que la
haine que tous les reptiles ont amassée contre eux
soit véritablement instinctive ; nous voyons dans la
réalité que, dans les vieilles légendes allemandes,
les grenouilles, les couleuvres et les crapauds ne
jouaient pas du tout le rôle qu'on leur attribue aujourd'hui. Les princes enchantés sont souvent
changés en grenouilles, et sous cette forme se com-
portent avec amabilité et charité ; les crapauds
sonneurs sont sur un pied très intime avec les
enfants et mangent avec eux dans la même écuelle.
Les serpents sont amis de l'homme et portent leurs
plaintes jusque devant le trône de l'empereur. Dans
les pays du Nord, le grand serpent Midgard entoure
le monde de ses anneaux. Avec le christianisme, la
scène change complètement. Les fables et les idées
de l'Orient sont alors importées à l'Occident. La
Bible y a beaucoup contribué. La poésie des an-

ciens Juifs est pleine de lions, de serpents et de sauterelles, articles importés, qui trouvent, il est vrai, chez nous un terrain fécond, mais qui n'y ont pas leur croissance naturelle. Comment un véritable Allemand peut-il trouver dans ces bêtes des motifs raisonnés et légitimes de frayeur? Il n'a vu les lions qu'empaillés ou emprisonnés derrière des barreaux de fer ; des serpents il n'a vu que l'inoffensif orvet, et il n'a appris à connaître la sauterelle que par cet animal qui saute et bruit doucement dans l'herbe. C'est bien autre chose en Orient. De ses troupeaux, l'homme fait régulièrement la part du lion, de ses moissons celle des sauterelles, et son pied nu doit se garder de la morsure des serpents venimeux. Je suis fermement convaincu que les courtes cornes portées par le diable sur beaucoup de vieilles et de récentes peintures, et qui, à proprement parler, ne sont que comme deux excroissances sur son front, viennent de la vipère à cornes ou céraste, avec laquelle les Juifs eurent souvent à combattre en Égypte, pendant la fuite dans le désert et plus tard encore dans ce pierreux et stérile coin de terre qu'on a nommé, par ironie, la terre promise.

Dans le fait, les vipères cornues, qui sont extrèmement venimeuses, avec leurs courtes excroissances au-dessus des yeux, ressemblent beaucoup à la personnification traditionnelle du mauvais principe. Les Juifs connaissaient parfaitement toutes les jongleries des charmeurs de serpents, des psylles de l'Égypte et de l'Inde, et le bâton d'Aaron, qui se changeait en serpent devant Pharaon, se montre aujourd'hui au Caire et à Alexandrie sur toutes les places, sur tous les marchés, sans l'intervention protectrice d'un Aaron, d'un Pharaon ou d'une puissance miraculeuse quelconque. La haine contre les reptiles et leur mauvaise renommée viennent de bien loin et n'appartiennent pas au génie germanique. Elles n'en reposent pas moins sur un fond réel.

Dans le fait, les contrées tempérées de l'Europe, des Alpes à la Suède, possèdent deux espèces de serpents venimeux : la grande vipère (Porte-croix, *Pelias berus*), plus fréquente au Nord, et la petite vipère (*Vipera communis* ou *Aspis*), plus fréquente au Midi. De l'autre côté des Alpes, en Italie, les espèces venimeuses augmentent, et les plus terribles se rencontrent, comme on sait, sous les tropiques.

Les deux espèces sont des serpents gros et courts, avec une tête large et triangulaire, des dessins sombres sur le dos qui ne disparaissent presque entièrement que dans la variété toute noire rencontrée dans quelques localités ; car leurs couleurs passent, chose singulière, du gris d'argent par toutes les nuances du brun sale et du rouge de cuivre jusqu'au noir parfait. Les femelles, qui sont d'un tiers plus longues et plus grosses que les mâles, sont plus fréquemment vêtues de couleurs sombres.

Nos deux espèces indigènes se ressemblent beaucoup, et un examen attentif peut seul les distinguer

par les plaques que la plus petite porte sur sa large
tête, tandis que la plus grosse n'a que des écailles.
Les couleurs de la grande tournent aussi moins souvent au brun-rouge et au noir que celles de la petite,
qui a cependant une apparence générale plus grisâtre.

Au nord de l'Allemagne, à côté de la vipère, on ne
trouve que la couleuvre à collier qui, d'ordinaire,
devient plus grosse ; aussi est-il impossible de con-

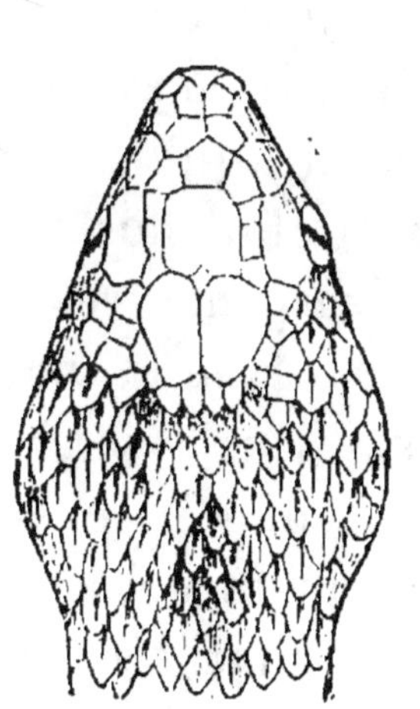 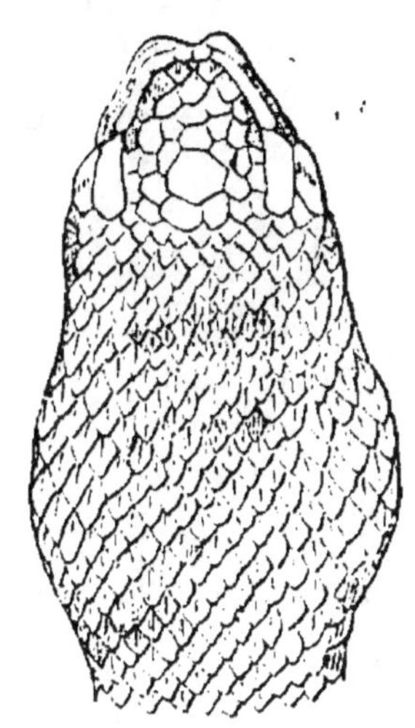

fondre les vipères venimeuses avec ces serpents
inoffensifs ; mais, dans le Sud, il existe une espèce
sans venin (*Coluber viperinus*) tellement semblable
à la vipère, dans ses signes extérieurs, qu'on peut
aisément les prendre l'une pour l'autre qùand on
voit un de ces animaux en mouvement. Le naturaliste Duméril, pendant plus de quarante ans, s'est
occupé spécialement des reptiles au Jardin des Plantes de Paris, et s'est rendu célèbre en publiant sur
ces animaux un ouvrage capital en huit volumes.

Semblable méprise lui est cependant arrivée, comme pour le railler de ses longues recherches. En se promenant dans un bois aux environs de Paris, il vit un serpent ramper sur le chemin ; trompé par son apparence svelte, il sauta dessus et le saisit par le milieu du corps, le prenant pour une inoffensive couleuvre ; mais, lorsqu'il eût été mordu au pouce et à l'index, il reconnut à l'instant son erreur et prit de suite quelques précautions qui n'empêchèrent pas une incommodité de plusieurs jours.

Le meilleur signe pour reconnaître nos serpents venimeux est le dangereux appareil qu'ils portent dans leur bouche et dont la forme fait nos vipères proches parentes de plusieurs serpents venimeux des tropiques, tels que le fer-de-lance de la Martinique et le serpent à sonnettes. Leur bouche est excessivement grande et peut se dilater plus que celle d'aucun autre serpent. En dehors des crochets venimeux, ils ne portent sur la mâchoire qu'un petit nombre de dents trop faibles pour blesser fortement une grosse proie ou simplement la maintenir. Les crochets mêmes sont isolés sur la mâchoire supérieure, courte et très mobile ; des muscles particuliers leur permettent d'agir de telle sorte que, lorsque la bouche se ferme, la dent aiguë s'incline en arrière ; lorsqu'elle s'ouvre, au contraire, elle se place en quelque sorte à angle droit avec la mâchoire supérieure. Ce point est très important puisque, par cette disposition, le serpent mordra plus difficilement un membre garni de muscles dont la

surface est ronde, comme les bras ou les jambes ;
il préférera s'attaquer aux membres isolés, comme
les pieds et les mains, et surtout les doigts.

Autour des crochets venimeux, la gencive forme
une sorte de gaine qui, lorsque la bouche se ferme,
les enveloppe avec les dents de réserve noyées dans
la masse des gencives, derrière la dent en fonction.
Il est évident que les crochets venimeux sont changés de temps en temps et remplacés par de nouveaux, sans même avoir servi. Le surveillant de la
ménagerie des serpents au Jardin des Plantes de
Paris m'a raconté qu'il trouvait de temps en temps
des dents tombées dans la cage des serpents venimeux ; il en possédait, en effet, toute une collection.
D'après la forme et la grosseur il savait très bien
distinguer les dents de différentes espèces de
serpent à sonnettes, des serpents à lunettes (*Naja
tripudians*) et du fameux fer-de-lance des colonies
françaises.

Le mécanisme de l'appareil venimeux est simple.
Une glande, semblable aux glandes salivaires, est
placée en-dessous et en arrière de l'œil ; elle envoie,
vers la base de la dent, un conduit le plus souvent
recourbé en siphon, qui a d'ordinaire un renflement
en forme de poche pour servir de réservoir ; ce
conduit perce la dent dans toute sa longueur ; le
canal, qui le continue jusqu'à la pointe du crochet,
se termine par une fente et donne à cette pointe
l'apparence d'un cure-dents taillé fin. Pour mordre,
le serpent se soulève à mi-corps et lance sa tête en

avant avec la rapidité d'une flèche. Au moment où il mord, le muscle de la glande comprime le réservoir et fait jaillir une goutte de poison mortel dans la blessure qui ressemble à une légère égratignure faite avec une aiguille. La liqueur venimeuse, semblable à de la salive claire et fluide, a une réaction acide, une odeur faible et nauséabonde, et, en séchant, elle laisse sur un linge blanc une tache légèrement jaunâtre.

C'est un fait bien établi que le poison de la vipère qui, dans des circonstances favorables à son action, produit une prompte décomposition du sang, comme beaucoup d'autres poisons, n'agit que quand il est introduit directement dans le sang. Il ne produit pas la moindre action si on le place sur la langue. Il se décompose à l'instant dans l'estomac ou le foie, sans occasionner le moindre effet nuisible sur l'organisation quand il est administré par la voie interne.

Mais l'action est terrible quand le poison est introduit directement dans la circulation du sang, et d'autant plus redoutable que la vipère est plus grosse, que le poison est plus abondant dans le réservoir des crochets, que la saison est plus chaude et que l'homme est plus prédisposé à une altération du sang par l'échauffement ou la fatigue. C'est pour cela que les serpents des tropiques doivent être d'autant plus dangereux que la chaleur persistante dispose naturellement le sang à s'altérer aisément; d'ordinaire, la blessure fait mal immédiatement comme la piqûre d'une abeille ; bientôt un affaiblissement général, une langueur mortelle, l'impossibilité d'avancer indiquent que le poison s'est répandu dans la masse du sang et a déterminé l'état morbide du système nerveux central. Une soif insatiable accompagne d'ordinaire les indices généraux de la maladie, qui se continue par la diarrhée, les vomissements, plus tard le délire, et conduit à la mort. On peut quelquefois, par une fièvre violente et des transpirations abondantes, obtenir la guérison.

Ce mal général, occasionné par la décomposition du sang, est accompagné de violents symptômes locaux. Le membre mordu enfle énormément, quelquefois même l'enflure s'étend sur tout le corps ; la morsure devient bleue, noirâtre, gangrenée, le membre complètement insensible, et souvent cette insensibilité ne disparaît qu'à la longue, preuve évidente de l'action énergique sur le système nerveux.

Maintenant, comment peut-on se défendre contre tout cela ?

Il faut d'abord éviter de s'exposer à être mordu, ce qui est d'habitude très facile. La vipère porte-croix est un animal indolent, apathique, qui aime le soleil et les endroits secs. Elle choisit pour sa résidence les coteaux pierreux, couverts de buissons clairsemés, et là elle se cache dans des retraites à fleur de terre, ou s'étend au soleil dans une immobilité complète. Elle ne poursuit ni ne fuit.

Elle ne mord que si elle est attaquée, excitée ou agacée, ce qu'on fait le plus souvent sans le savoir. Aussi elle ne mord d'ordinaire que des gens occupés à ramasser du bois, à cueillir des baies ou des plantes. Des bottes et un pantalon protègent complètement contre la morsure de nos serpents venimeux indigènes. Le plus souvent, un bas suffit pour retenir la plus grande partie du poison et rendre la morsure presque inoffensive. Avec un bâton ou une simple badine, on peut briser l'épine dorsale d'un serpent et le mettre hors d'état d'attaquer. Il m'est arrivé de tuer une vipère qui dormait dans le chemin et sur laquelle des promeneurs avaient passé avant moi sans la remarquer. On regarde avec soin autour de soi quand on est dans des localités où se trouvent des serpents de cette espèce, et on ne met jamais la main dans des trous qu'on n'a pas pu auparavant sonder de l'œil ou de la canne.

Quand on a le malheur d'être mordu, le premier soin est d'empêcher que le poison passe dans la circulation. Si on a sous la main un couteau ou même une forte épine, il ne faut pas craindre d'agrandir la blessure par une incision convenable et de faire couler abondamment le sang : il vaut mieux souffrir d'une coupure profonde que d'une morsure venimeuse. On active l'écoulement du sang en laissant pendre le membre blessé, en le lavant avec de l'eau tiède, si on peut s'en procurer. On lave et on nettoie pour enlever tout ce qu'on peut ; si on a la facilité **de porter le membre à sa bouche, ou si** une autre personne est présente, on peut sucer immédiatement le sang et le venin de la blessure. Nous avons des récits moraux pour les enfants dans lesquels sucer la morsure d'un serpent venimeux est représenté comme l'acte le plus grand d'héroïsme maternel et de dévouement. La chose n'est pas si grave. Quand on a des gencives saines et fermes qui ne saignent pas en suçant, quand on crache de temps en temps ce qu'on a sucé, on ne ressent pas le moindre inconvénient ; dans le cas contraire, une légère enflure des lèvres et de la langue, quelques envies de vomir vous puniront de votre audace. On peut donc avoir cette bravoure quand il s'agit de conserver sa propre santé ou celle de son prochain.

Puis on lie fortement le membre, aussitôt que possible, au-dessus de la morsure, pour arrêter la circulation et empêcher que le venin ne se mêle à la masse du sang. Suivant les circonstances, on n'intercepte que les vaisseaux superficiels et les veines de la peau, et il est d'ordinaire facile de comprimer les principales veines superficielles avec un morceau d'étoffe qu'on déchire au besoin de ses habits, de telle façon que la circulation soit presque complètement arrêtée ; si on n'a pas pu y arriver entièrement, l'introduction graduelle du poison dans le sang est de grande importance, l'état morbide en est considérablement diminué et affaibli. Castelnau raconte que, dans l'Amérique du Sud, on traite de cette façon les morsures de serpents ; de temps en temps on défait pour un instant la ligature du membre, puis on la resserre pour recommencer quelques minutes après la même opération. Il se produit à chaque ouverture de la ligature de légères convulsions qui deviennent sans danger, parce qu'elles sont réparties sur un temps plus long, tandis que, par l'introduction subite de tout le poison, elles augmentent de force et amènent la mort.

Ce que l'on peut faire, il faut le faire promptement, sans y mettre le flegme allemand ou de longues réflexions. On déchire un morceau de son vêtement pour entourer son doigt, on prend son couteau, on fait une incision, on suce, on crache et on recommence à sucer ; tout cela doit être l'ouvrage de quelques secondes, car le cœur de l'homme va vite, et en une minute la masse du sang a parcouru le corps entier. Si, après ces moyens énergiques, des symptômes généraux de malaise se présentent, c'est l'affaire du médecin. On peut cependant indiquer l'emploi de la transpiration comme un moyen spécial à employer.

Ainsi que nous l'avons déjà dit, la vipère ne mord l'homme que lorsqu'elle y est contrainte pour se défendre ; elle se nourrit de petits animaux qu'elle peut engloutir complètement et parvient rarement à saisir des oiseaux à cause de son indolence et de sa lenteur. Ce qu'on raconte du charme fascinateur de ses yeux, réellement beaux, est pure fable. Sa nourriture préférée se compose de souris et de taupes, qu'elle **avale tout entières. Wyder, de Lausanne,**

un de ces rares amis des serpents, avait littéralement rempli sa maison de reptiles vivants. Un jour
il trouva une vipère porte-croix couchée sans mouvement au travers du chemin et visiblement gonflée
de nourriture. Pour l'enfermer dans une bouteille,
il eut de la peine à faire passer son corps gonflé par
le goulot, et rapporta sa capture à la maison. Arrivé
là, il trouva dans la bouteille sa vipère toute amin-
cie et à côté d'elle le corps d'une grosse taupe qu'on
ne pouvait plus faire sortir par le goulot.

Le hérisson est l'ennemi acharné de la vipère, je
l'ai déjà dit. Mais la marte et la belette, le putois,
l'hermine et aussi la buse et la bondrée ne craignent
pas plus que lui la morsure de la vipère et la saisissent quand ils la trouvent sur leur chemin. Le
venin n'agit pas non plus sur les animaux à sang
froid, comme la grenouille.

Les autres serpents que nous possédons en Allemagne et en Suisse : la *couleuvre à collier* (Coluber [Tropidonotus] natrix), avec son collier jaune,
ordinairement bordé de noir ; la belle *couleuvre de
Schwalbach* (Coluber flavescens), avec le dos noir
et le ventre jaune-soufre ; la *couleuvre lacet* ou *couleuvre d'Autriche,* toute lisse (Coronella lævis), le
corps rouge-gris, avec des taches brunes disposées
presque alternativement sur le dos ; la *couleuvre
vipérine* (Coluber viperinus), qui, par ses signes
extérieurs, ressemble tant à la vipère ; tous ces serpents sont des animaux complètement inoffensifs,
qui peuvent à peine entamer la peau de l'homme ; ils

se nourrissent de grenouilles, de jeunes souris ou d'autres petites bêtes qu'ils avalent entières. Un nouvel auteur a récemment peint avec une abondance des plus poétiques cet étouffement des grenouilles par les couleuvres. Nous ne le suivrons pas dans sa description ; je me permettrai seulement de citer ses derniers mots, rien que pour montrer jusqu'où peut s'égarer la prolixité : « A ce moment, le pauvre animal pousse régulièrement ce lamentable cri de douleur que nous avons déjà entendu, et, sous l'impression de ce douloureux soupir, le dernier regard de tristesse que la grenouille jette sur le monde semble avoir une expression particulière ».

Pour éviter toute incertitude on peut poser en principe qu'il est bon de tuer, sans autre examen, tous les serpents qu'on rencontre, puisque les inoffensifs mêmes ne sont d'aucune utilité particulière dans l'économie humaine, mais alors je serai obligé de dire quelques mots pour la protection d'un animal auquel sa fâcheuse forme attire une foule de persécutions imméritées, et qui, pour son malheur, porte un masque peu favorable. Je veux parler de l'*orvet* (Verborgne, *Anguis fragilis*), pauvre petit serpent cylindrique de couleur brune que nous rencontrons dans les endroits gazonnés, les sentiers des bois, le long des haies et des buissons ; il avance en rampant lentement, se brise facilement, quand on le saisit, et meurt le plus souvent victime de notre colère contre les serpents. Cette ardeur à le poursuivre cesserait certainement si les gens voulaient bien se persuader que l'orvet n'est pas un serpent, mais un simple lézard sans pattes, complètement organisé comme les autres lézards, ces gracieuses petites bêtes auxquelles personne ne songe à faire du mal. Il n'en diffère que par l'absence des pattes, car le caractère distinctif des serpents et des lézards ne consiste pas dans les pattes ; il y a des serpents avec des rudiments de pattes, comme les boas, des lézards à deux pattes et des lézards sans pattes. La différence est, au contraire, dans l'organisation de la bouche et du gosier. Chez les serpents, les os de la mâchoire inférieure sont séparés au milieu et s'articulent avec le crâne au moyen d'un appareil compliqué d'osselets, de telle façon que cette mâchoire inférieure peut se dilater beaucoup non seulement de haut en bas, mais encore de côté ; et le gosier lui-même peut, en se distendant, avoir cinq à six fois le diamètre du corps du serpent. Les lézards sont organisés autrement ; chez eux les deux moitiés de la mâchoire inférieure sont solidement soudées au menton et attachées directement au crâne. Le gosier ne peut s'ouvrir que faiblement, comme celui d'un mammifère, et l'écartement latéral est impossible. L'*orvet* est organisé de cette façon : il a, comme tous les lézards, la bouche ainsi conformée avec de petites dents extrêmement fines, qui font sur la peau une impression à peine visible.

Il se nourrit comme eux. J'ai ouvert des douzaines d'orvets, et je n'ai jamais trouvé dans leur estomac que des limaces et surtout le limaçon des champs et celui des jardins qui paraissent être sa nourriture préférée. On le trouve dans le gazon près des plantes de nos jardins, et il est extrêmement utile pour la destruction des ennemis de nos cultures. Il ne tête pas les brebis et les vaches plus que la couleuvre à collier, qui va dans le voisinage des étables pour déposer ses œufs dans les tas de fumier en fermentation. Il ne rend pas aveugles les personnes qui dorment, en passant sur leurs yeux et ne pénètre pas dans leur estomac par la bouche ouverte pour mordre le cœur, comme dit le peuple. C'est un des plus innocents, des plus misérables et en même temps des plus utiles animaux qu'on puisse conserver dans un jardin ; comme utilité, il rivalise avec ses congénères aux pieds rapides, les lézards des murailles et des champs qui courent, grimpent et sautent après les insectes, les limaçons et toute vermine.

Je dois aussi recommander à votre amitié et à vos soins attentifs les amphibies de l'ordre des batraciens : la rainette, la grenouille des prés, les crapauds de toutes espèces, comme aussi la salamandre à queue. L'Église savait bien que les cuisses de grenouilles étaient un mets des plus délicats, et c'est pour cela qu'elle les a placés avec les poissons parmi les plats maigres. Les pauvres rainettes sont chères aux pharmaciens qui, dans quelques contrées, les emploient comme baromètres vivants et s'amusent des bonds qu'elles font après les mouches dans leur prison. Dans le fait, les rainettes se distinguent complètement des baromètres physiques en ce que le baromètre indique avec plus ou moins de certitude le temps qu'il va faire, et, la rainette, le temps qu'il fait au moment même. Pour moi, du moins, j'ai toujours remarqué que la rainette n'en dit pas plus qu'un coup d'œil par la fenêtre, qu'elle reste dans l'eau quand il pleut dehors, et qu'elle se tient sur son échelle quand le soleil paraît. Mais il est agréable à des hommes de science, comme le sont généralement les pharmaciens, de posséder un contrôle de leurs observations immédiates.

Les petites salamandres d'eau, dites Tritons, dont les queues sont garnies de nageoires larges et plates, qui vivent dans les fossés et les flaques d'eau, passent dans quelques contrées de l'Allemagne pour indiquer les sources d'eau bonne à boire, comme les goujons, quoiqu'elles se tiennent aussi bien dans les fossés vaseux, les flaques d'eau dormante, que dans les silencieux ruisseaux des bois. Du reste, la voix populaire n'a attaché aucune signification à ces petits animaux, mais elle s'est largement rattrapée avec la salamandre terrestre, à la queue ronde et aux taches jaunes, qu'on rencontre souvent dans les parties humides des bois. Son épiderme sécrète un mucilage visqueux et blanc, qui répand une odeur d'ail et a quelques propriétés caustiques ; mais on les a beaucoup exagérées. J'ai tenu des heures entières des salamandres vivantes dans ma main. Un jour, dans une excursion au Stockhorn, où nous avions été surpris par un violent orage, lorsque la pluie eut cessé, nous récoltâmes à la main plus de cent salamandres noires des Alpes, espèce voisine de la salamandre tachetée, que l'humidité avait chassées de leur retraite ; nous n'en éprouvâmes d'autre désagrément que cette odeur insupportable qui tient aux mains. On prétend, en Italie, avoir extrait récemment de cette sécrétion cutanée un poison extraordinairement violent qui n'agirait que par son introduction directe dans le sang et la circulation comme le venin des vipères ; mais la quantité obtenue était si faible qu'on n'a pas pu jusqu'ici faire des recherches plus exactes. La sécrétion abondante qui se produit, lorsqu'on irrite ou tourmente les salamandres, peut éteindre quelques charbons quand on les jette dans le feu. C'est ce qui paraît avoir donné naissance à la fable qui les fait vivre dans le feu et leur attribue une action venimeuse énergique. Les anciens se sont déjà occupés de ces contes, Aristote, il est vrai, avec de grands doutes, mais Pline, le compilateur, avec des exagérations étonnantes. Permettez-moi de donner la traduction des passages qui s'y rapportent.

Aristote n'en dit que ces mots : « La nature est capable de mettre certains animaux à l'épreuve du feu, comme nous le montre la salamandre qui, à ce qu'on rapporte, éteint le feu en le traversant ». (Livre V, chap. 17 ou 19.)

Pline, au contraire, nous dit : « La salamandre a la forme d'un lézard ; son corps est étoilé. Elle ne parait jamais que dans les grandes pluies et disparait avec le beau temps. Elle est si froide que par son contact elle éteint le feu, comme ferait la glace. Le liquide blanc comme du lait qu'elle rejette par la bouche fait tomber le poil de toutes les parties du corps humain qu'elle touche et laisse une tache blanche sur la partie touchée. » (Livre X, chap. 86.)

« Des animaux venimeux la salamandre est le plus dangereux. Les autres ne frappent qu'une seule personne ; en tuer plusieurs à la fois leur est impossible ; et même on dit que, dès qu'ils ont mordu un homme, la conscience de leur forfait les mène peu à peu à la mort et que la terre les repousse ; mais la salamandre peut tuer à la fois toute une population imprudente... Si elle rampe sur un arbre, elle empoisonne tous les fruits, et tous ceux qui en mangent succombent à un poison non moins énergique que l'aconit ; si on cuit du pain avec du bois qu'elle a touché rien que de la patte, le mal est le même. L'eau du puits où elle tombe est de même empoisonnée. Sa bave, en quelque endroit qu'elle nous atteigne, même sur le pied, fait instantanément tomber les poils de tout le corps. Quelques animaux cependant avalent impunément cet être doué d'un poison destructeur, le porc, par exemple, tant les contrastes sont fréquents dans la nature. Le virus de la salamandre a, pour premier remède, les animaux qui la mangent ; puis les cantharides en breuvage, les lézards comme aliment solide ; les autres antidotes ont été indiqués plus haut, ou bien le seront plus bas à mesure qu'ils paraîtront. Si les magiciens avaient raison dans ce qu'ils disent de la propriété qu'a la salamandre d'éteindre le feu, Rome l'aurait sans doute constaté par l'expérience ; mais Sextius, qui regarde la salamandre comme aphrodiasique, lorsqu'on la mange gardée dans le miel après ablation des intestins, de la tête et des pattes, lui refuse la propriété d'éteindre le feu. » (Liv. XXIX, chap. 23.)

Benvenuto Cellini, dans ses mémoires, nous raconte que son père vit une salamandre dansant dans le feu, ce qui nous prouve que cette antique fable était accréditée au moyen âge. L'observation nous apprend que la salamandre est un pauvre animal qui habite les lieux humides, ombragés et sombres, se tient caché le jour, ne sort de sa retraite que la nuit ou par un temps de pluie et se nourrit principalement de vers, de limaces et d'insectes.

J'arrive au *crapaud* qui, zoologiquement, diffère de la grenouille moins par sa peau visqueuse, sa démarche lente et rampante que par l'absence de dents dans la bouche. Y a-t-il rien de plus hideux que ce gros crapaud épaté, au ventre gonflé, qui promène ses lentes pérégrinations nocturnes à travers les plantes et les pierres ? Par ses clameurs il trouble le calme du clair de lune pendant les chaudes nuits d'été et répand autour de lui une repoussante odeur d'ail. Le gamin de Paris, comme l'habitant de Sachsenhausen, appellent leur adversaire « crapaud » quand ils veulent lui témoigner un profond mépris.

On a pu remarquer un fait signalé récemment par tous les journaux. Il se fait actuellement entre la France et l'Angleterre un commerce considérable de crapauds. Un crapaud de bonne grosseur et en bon état se paie à Londres jusqu'à un schilling, une livre la douzaine. On met dans les jardins maraîchers ces crapauds auxquels on a préparé des abris. Beaucoup de gens ont secoué la tête en apprenant cette nouvelle bizarrerie des Anglais ; mais rira bien qui rira le dernier. Les Anglais ont raison cette fois. J'avais dans mon jardin un crapaud brun, gros comme le poing. Le soir il rampait hors de son buisson et allait sous un banc du jardin. Je veillais soigneusement sur lui ; une femme qui l'aperçut un jour le tua d'un coup de bêche et crut avoir fait une belle action ; mais les limaçons mangèrent les résédas qui embaumaient tout autour du banc. Qu'est-ce qu'on n'a pas dit en vers sur ces pauvres bêtes ! Dans le *Décaméron*, de Boccace, deux amants sont tués par les exhalaisons d'un crapaud caché dans une touffe de sauge près de laquelle ils s'étaient rencontrés. C'est une faible partie des méfaits prêtés à la pauvre bête.

Il est vrai que la plupart des espèces, particulièrement les grosses, le *crapaud brun* (Bufo vulgaris) et le *crapaud vert* ou calamite (Bufo calamita), ont une peau rugueuse, tuberculeuse et pleine de glandes qui laissent échapper un liquide âcre et blanchâtre ; chez ces derniers surtout ce liquide a une odeur très âcre et très désagréable, et peut-être même est-il capable d'irriter légèrement une peau très tendre. Les oiseaux auxquels on a inoculé ce liquide meurent promptement dans les convulsions. Leur goût ne paraît pas très agréable; du moins, beaucoup d'animaux qui mangent les grenouilles respectent les crapauds. Dans une ménagerie, un de mes amis jeta dans la cage des tigres et des lions quelques crapauds vivants. Les carnassiers se jetèrent dessus avec colère, mais ils les laissèrent promptement tomber de leurs gueules en montrant tous les signes du dégoût, puis ils se secouèrent, salivèrent abondamment, et avec leurs pattes repoussèrent les reptiles par-dessous la grille hors de la cage. La sécrétion cutanée des crapauds peut avoir un goût et une odeur désagréables, peut-être même des propriétés caustiques, mais elle n'est ni venimeuse ni même dangereuse pour l'homme. J'ai ouvert bien des crapauds, j'en ai longtemps tenus dans ma main, et je ne me suis jamais trouvé trace de rougeur ou d'irritation. Peut-être l'introduction immédiate dans le sang peut-elle avoir une action venimeuse; mais un crapaud ne saurait blesser un homme.

Parmi les fables, qu'enfants nous apprenons tous par cœur, se trouve celle du ver luisant et du crapaud qui lance contre lui tout son venin. Les crapauds ne lancent pas de venin. Quand on les tourmente, ils émettent souvent par le derrière un liquide clair comme de l'eau; la grenouille en fait autant, et aucun homme ne regarde chez elle ce liquide comme venimeux ; c'est presque de l'eau pure que ces animaux projettent hors d'eux de cette manière à l'aide de leur vessie, et il n'y a pas le moindre poison là-dedans.

La morsure du crapaud, dit-on, est très venimeuse. Je le croirai volontiers quand j'aurai vu la morsure d'un crapaud. Ses mâchoires sont privées de dents, recouvertes d'une peau molle qui n'est pas moitié aussi dure, cornée ou puissante que le bec d'un oiseau ou d'une tortue ; elle est si mince, si faible qu'un crapaud ne peut pas serrer à beaucoup près aussi fort qu'un enfant nouveau-né avec ses gencives dégarnies, qui lui donnent à peine la force de saisir le sein de sa mère. Soutiendra-t-on qu'un nourrisson de quelques jours peut mordre jusqu'au sang ?

C'est bien ! ils ne mordent pas ; mais ils tètent les chèvres et les vaches dans les étables, et leur bave, par son action venimeuse, fait perdre le lait aux animaux. De la bave, ils en ont à peine, et les crapauds peuvent aussi peu téter que les grenouilles ; la conformation de leur bouche ne le leur permet pas.

Toutes ces accusations sont des erreurs et des calomnies. Laissons cela de côté et allons au fond des choses. Nous voyons qu'un animal nocturne d'une épouvantable laideur, par sa vie étrange, son odeur désagréable, doit nécessairement amasser sur sa tête tous les préjugés défavorables. Mais interrogeons l'observation, la froide observation, et notre horreur se changera tout au moins en tolérance. Nous trouvons un animal qui, à la chute du jour, par les temps humides et la pluie, abandonne ses sombres retraites et s'avance lentement sur le sol, moitié sautant, moitié rampant, explorant de l'œil le champ ou le jardin. Il peut supporter la faim extrêmement longtemps ; il sèche et passe alors presque à l'état de momie. Il peut prendre des repas abondants et dévorer presque sans mesure. Mais on ne trouvera jamais dans son estomac autre chose que des débris non digérés d'insectes, de coléoptères, de larves et de vers, et surtout de limaces ; un crapaud en détruit de si grandes quantités qu'on ne saurait trouver un meilleur gardien pour les tendres plants de salade et les jeunes légumes. Quand, la nuit, par les temps humides, les limaçons sortent du sol, le crapaud commence sa chasse lente, mais sûre, et ne la cesse qu'au lever du soleil. Il n'a qu'un petit district ; il l'explore à fond et apprend d'autant mieux à le connaître qu'une longue vie lui permet de le parcourir pendant bien des années.

Les jardiniers anglais les utilisent aujourd'hui. Depuis des siècles, les naturalistes prêchaient que les crapauds étaient inoffensifs, mais on ne les écoutait pas. Cuvier disait il y a soixante ans : « Les crapauds sont des animaux d'une forme laide et hideuse, que l'on accuse à tort d'être venimeux par leur salive, leur morsure, leur urine et même leur sécrétion cutanée ». Aujourd'hui que les An-

7

glais se sont mis au-dessus d'une répulsion, d'un préjugé historique, d'autres pays suivront peut-être leur exemple. On trouvera que les crapauds sont des animaux hautement utiles, qu'ils ne répandent aucun poison et qu'on n'a pas besoin de les défendre contre les araignées ; ils n'éclatent pas en passant sous leurs toiles. On pourra aisément se convaincre qu'un jardin dans lequel habitent des crapauds, des orvets et des taupes rapporte beaucoup plus de légumes que celui que l'on a débarrassé avec soin de tous ces reptiles et de ces fouisseurs ; alors on y entretiendra avec plaisir des crapauds, et on les verra devenir de véritables animaux domestiques.

Dans le fait, les crapauds s'habituent à l'homme et ne paraissent pas insensibles aux sentiments tendres. On connaît l'histoire, qui semble empruntée aux vieux contes populaires, d'un crapaud qui, depuis trente ans, habitait sous un escalier et sortait, le soir, quand la famille prenait son repas, pour en avoir sa part comme les chiens et les chats. La famille pleura le jour où un accident priva de la vie ce dévoué visiteur. Quelques-uns de mes amis croient qu'après avoir comblé de bienfaits un crapaud, ils ont obtenu de ce vilain animal des preuves évidentes de reconnaissance. Un certain capitaine Percy, qui se vantait d'être un descendant du fameux Hotspur, m'a raconté que, dans un voyage à l'intérieur de la Sicile, il avait trouvé, sur un chemin, un serpent en train de dévorer un crapaud. Il tua le serpent ; le crapaud s'éloigna. Six jours plus tard, il repassait par le même chemin ; tout à coup quelque chose lui saute après la jambe : c'était son crapaud qui voulait de cette manière lui témoigner sa reconnaissance, et qui l'avait positivement reconnu.

« Mais, capitaine », lui dis-je, « comment avez-vous pu reconnaître le crapaud que vous aviez sauvé ? Un crapaud ressemble autant à un crapaud qu'un œuf à un œuf. »

« C'est vrai », reprit le capitaine, « mais il m'a regardé avec des yeux si reconnaissants que je n'ai pas pu douter de son identité. »

Si quelqu'un voulait nier encore que les crapauds mal famés puissent fournir des exemples recommandables de tendres vertus, je lui rappellerais le *crapaud dit accoucheur* (Alytes obstetricans). La femelle pond un chapelet d'œufs entourés d'une peau épaisse, qui se durcit au point de ressembler à une masse de caoutchouc. Le mâle l'aide à mettre au jour cette masse d'œufs qu'il enroule autour de ses jambes ; puis il va, avec son fardeau, se cacher souvent à plusieurs pieds de profondeur dans de l'argile humide, et il reste là des semaines entières sans nourriture, dans un trou noir, pour y faire éclore les œufs. Lorsque les larves sont assez développées pour pouvoir vivre toutes seules, il cesse son incubation et cherche la flaque d'eau la plus voisine pour les y déposer. Pendant tout un été j'ai entretenu une colonie de ces crapauds couveurs dans de la glaise au fond d'un grand poêle en faïence, et j'en ai trouvé quelques-uns qui s'étaient tellement serré les cuisses qu'elles en étaient gangrenées. Ils passaient le temps de leur emprisonnement à pousser des sons de cloche ressemblant à ceux d'un harmonica dans le lointain, et, souvent, ils faisaient tendre l'oreille à nos visiteurs qui ne pouvaient pas découvrir de quel endroit cela venait. Nos crapauds ne rappellent-ils pas bien ces princes d'Otahiti que Cook trouva dans le lit d'accouchement parce que leur femme venait d'avoir un enfant, et qui, pendant les quatre semaines des couches, ne prisaient plus, malgré leur passion pour le tabac, parce que cela pouvait faire mal à l'enfant ?

Les *crapauds sonneurs* (Bombinator), à ventre jaune et bleu, qui se trouvent dans les flaques d'eau sont également d'habiles ventriloques, et leur ounk ! ounk ! semble venir de loin, lorsqu'ils crient dans une flaque d'eau à côté de nous.

QUATRIÈME LEÇON

Colimaçons. — Leurs migrations. — Vers de terre et leur force musculaire. — Fable des tronçons de vers coupés qui se ressoudent. — Les mille-pieds. — Aventure d'un officier prussien. — Les cloportes. — Les arachnides. — Les ricins et les mites. — Hahnemann, le fondateur de l'homéopathie, et la gale. — Mite du fromage. — Le ciron tisserand. — Faucheurs, araignées fileuses, vagabondes et chasseuses. — La tarentule, sa morsure, son habitation et son cœur.

Messieurs !

Avant de passer aux insectes qui doivent remplir le reste de nos leçons, je crois devoir, dans la présente séance, réunir quelques animaux qui n'appartiennent ni aux vertébrés ni aux insectes et ne sont pas cependant sans influence sur l'économie humaine. Les uns sont des mollusques, des colimaçons avec ou sans coquille, dont le corps gluant glisse sur un pied plat puissamment musclé. Ils portent en dedans de leurs lèvres molles des mandibules ou même des façons de râpes particulières, qu'on appelle leur langue ou radule, sortes de lames cornées sur lesquelles sont souvent disposées en grand nombre des dents très fines régulièrement rangées. Cette langue-râpe travaille, à l'aide de ses fines dents cornées, contre un bourrelet opposé de même matière, et peut de cette façon produire une action notable, principalement sur les parties molles des plantes.

Tous nos *limaçons* respirent par des poumons en forme de poche. Observez un limaçon se promenant tranquillement : vous verrez, sur le côté droit de son corps, à une certaine distance derrière la tête, un trou ovale qu'il ouvre et ferme de temps en temps. La cavité qui se trouve derrière ce trou ne mène pas seulement à un vaste sac respiratoire, mais aussi à l'ouverture du canal intestinal. Le besoin de respiration est cependant beaucoup moins grand chez les limaçons que chez les autres animaux ; ils peuvent, pendant des semaines, rester dans leur coquille fermée par un couvercle et ne souffrent pas sensiblement.

L'humidité est un besoin absolu, l'obscurité un bienfait pour les limaçons. Leur corps sécrète continuellement une mucosité abondante, visqueuse et filante qui reste sur leur chemin et trahit leur passage par une sorte d'enduit à éclat argenté. Ils ne peuvent avancer que quand l'objet sur lequel ils se trouvent est humecté par cette mucosité ; aussi leur est-il très difficile de marcher sur la cendre, la sciure de bois et autres matières semblables qui adhèrent à cette mucosité. On a imaginé, d'après cela, un moyen de défendre les planches des jardins contre les limaçons en couvrant les sentiers qui les entourent, de sable, de sciure, de cendres, de scories et de poussier de charbon bien sec et pulvérisé très fin. Seulement on a oublié que les ravages du limaçon, en général, n'étaient à redouter que dans les années humides et pluvieuses ; alors les pluies fréquentes donnent à tous ces obstacles une surface lisse et unie que le limaçon peut franchir sans peine. Un long voyage sur un grand chemin, par un soleil ardent, tuerait indubitablement une limace. L'abondante sécrétion visqueuse avec laquelle elle cherche à se garantir des rayons du soleil devient bientôt si épaisse qu'elle empêche tout mouvement ; elle sèche et prend l'apparence d'un morceau de corne. Si cet état dure trop longtemps, la limace finit par mourir ; c'est pour cela que, par les journées chaudes et sèches, les limaces se cachent dans la terre, sous les haies et les feuilles, au pied des troncs d'arbres et des murs, et ne sortent que la nuit, sitôt que la rosée commence, ou lorsque la pluie tombe.

Dans les champs et les jardins c'est principalement la *petite limace grise,* jaunâtre ou brune (Li-

Limace grise.

max agrestis), qui, dans les années pluvieuses comme 1816 et 1817, fait des ravages terribles et dévore avec avidité les jeunes trèfles, les céréales qui lèvent, les salades, les haricots, les fraises, les cucurbitacées et même les navets et les choux. Dès le commencement du printemps, elle rampe hors de terre, où elle a pris ses quartiers d'hiver à une profondeur de 2 à 3 pieds et où elle a attendu, repliée sur elle-même, la venue des pluies printanières. Souvent même, par le dégel, l'humidité qui pénètre la réveille de si bonne heure qu'elle arrive à la surface du sol sous la neige en fusion. Sa reproduction se fait pendant tout l'été, de mai à novembre, et comme ces animaux sont hermaphrodites, que les organes masculins et féminins sont complets sur chaque individu, ils se fécondent réciproquement et déposent des centaines d'œufs sous les feuilles sèches, en terre, le long des murs et des haies. Il est très facile de se procurer de ces œufs. Il suffit de nourrir dans une boîte humide quelques limaçons avec des feuilles de salade et on trouvera presque régulièrement chaque matin, à la surface inférieure de ces feuilles, une masse d'œufs ronds et moyennement gros qui ont une coque calcaire très mince. A l'intérieur un vitellus, visible à peine à l'œil nu, nage dans un liquide albumineux abondant et clair comme de l'eau. Le développement de ces œufs dure de 14 jours à 3 semaines. En deux mois, avec une bonne nourriture, le limaçon éclos est déjà arrivé à plus de la moitié de sa grosseur.

Les *grandes limaces rouges et grises* (Arion empiricorum et hortensis) qu'on emploie pour faire du bouillon gélatineux, notamment dans les maladies de poitrine, et la très grande limace tachetée de gris

(Limax maximus) qui se rencontré assez fréquemment dans les caves ne viennent presque jamais en quantité telle qu'elles puissent causer des dommages sensibles. Elles sont cependant des hôtes tout aussi désagréables que le grand *colimaçon de vigne* avec sa coquille brun-jaune (Helix pomatia) et les *colimaçons des buissons et des haies* (Helix nemoralis et hortensis) avec leurs coquilles jaunes ou rouges souvent ornées de bandes brunes ; ils causent quelquefois des dommages sérieux aux arbustes d'ornement et aux arbres à fruit.

Les ennemis des limaces sont nombreux. Les crapauds et les orvets s'en nourrissent presque exclusivement. Les taupes, les musaraignes, les canards, les poules, les choucas, les corneilles, les pies et les corbeaux les chassent avec avidité, et le carabe doré lui-même ne les dédaigne pas. Leur plus grand destructeur dans nos jardins est le crapaud, comme nous l'avons dit plus haut. Les bordures de buis plantées autour des plates-bandes favorisent particulièrement la reproduction de ces vilaines bêtes qui trouvent un abri dans le feuillage épais et toujours vert. On attire facilement les limaces en plaçant sur le gazon, pendant la nuit, une planche mouillée qu'on arrose pour entretenir l'humidité tout autour. Dans les plates-bandes on place çà et là des morceaux de courge dont elles sont très friandes. Ce dernier moyen dé les attirer a le mauvais côté de ne pouvoir être employé qu'à l'automne, quand les courges approchent

de leur maturité, et c'est au printemps que les limaçons font le plus de mal en mangeant les jeunes
plantes.

Dois-je aussi vous parler des *vers de terre* (Lum-
bricus agricola) qui mènent sous terre une vie
cachée, ne sortent que par les pluies chaudes, et ont
encore la précaution de rester engagés dans leur
trou par la partie postérieure du corps pour pouvoir s'y retirer rapidement au moindre ébranlement
du sol? Ils ne sont véritablement pas très nuisibles,
quoique très voraces, et la terre riche d'humus ne
leur suffisant pas, « ils cherchent les plantes pour-
ries », dit un de leurs observateurs, « et quand ils
n'en trouvent pas, ils préparent eux-mêmes leur
nourriture en traînant dans leur trou ce qui s'offre
à eux. On sait que les brins de paille, les plumes,
les feuilles, les morceaux de papier qu'on voit le
matin fichés en terre dans les cours et les jardins
et qui ont l'air d'avoir été plantés par les enfants,
sont enterrés la nuit par ces vers. Bien des personnes ont de la peine à croire qu'avec de si faibles
moyens d'action, un ver puisse triompher de si
grands obstacles. Quand on a éprouvé la résistance
qu'oppose un ver, si on veut l'arracher de la terre,
on n'est plus étonné de la force musculaire d'un
animal qui n'est presque composé que de muscles
et de peau. Il saisit par le milieu un gros brin de
paille et tire si fort qu'il le brise en deux pour l'entrer dans son trou. Il introduit de même sans aucune difficulté de grosses plume de poule avec

leurs barbes et déchire une feuille de framboisier pour la faire entrer dans un trou étroit. » Aussi les vers de terre sont-ils particulièrement nuisibles aux jeunes plantes qu'ils entraînent dans leurs cavités. Les carabes, les scolopendres et les mille-pieds, mais surtout les taupes, sont les ennemis acharnés des vers de terre. En revanche, les vers de terre jouent un rôle considérable en amendant les terres brutes et en les transformant en humus.

Il faut que je combatte ici encore un préjugé. Les jardiniers m'ont souvent montré des vers sur le corps desquels une zone de quelques lignes de long était plus rouge et sensiblement gonflée. « Vous voyez bien, la bêche l'a coupé par le milieu et il s'est ressoudé. » Je ne sais pas si les vers, comme d'autres animaux inférieurs, peuvent remplacer une partie de leur corps. On n'a pas fait là-dessus d'expériences, mais les naturalistes savent que tous les vers possèdent cette zone qui gonfle beaucoup au temps de la reproduction et qui joue à cet égard un rôle important. Quoique des centaines de vers soient coupés en deux, quand on retourne les planches des jardins, je n'ai jamais trouvé un ver cicatrisé ou en train de repousser; aussi je crois que les parties séparées meurent promptement et disparaissent.

Dans les lieux humides et marécageux, sous les écorces et dans la mousse, dans les caves et sous terre nous trouvons souvent de petits animaux articulés, formés de nombreux anneaux réunis qui possèdent une tête visible avec des yeux et des antennes. Ils courent sur un nombre infini de pattes, d'où le nom de *mille-pieds* (Myriapodes). Ce sont des intermédiaires entre les crustacés et les insectes. Pendant qu'ils respirent, comme ces derniers, à l'aide de nombreux conduits d'air dissémi-

Mille-pieds.

nés dans le corps qu'on appelle des trachées, ils ont à chaque anneau des appendices articulés ou pattes disposées comme celles des écrevisses. Les grosses scolopendres des contrées méridionales sont connues par leur morsure venimeuse. Les petites espèces qui vivent chez nous peuvent avec leurs faibles mâchoires terrasser un petit insecte, ou, comme nous l'avons vu tout à l'heure, attaquer un ver avec succès, mais elles ne peuvent pas entamer la peau de l'homme. Néanmoins, le plus grand nombre de ces mille-pieds sont nuisibles. Tous attaquent volontiers les fruits mûrs, les carottes, et dans les derniers temps j'ai vu des champs de betteraves entièrement ravagés par un de ces mille-pieds, le *Julus terrestris*. Cette espèce cylindrique, assez épaisse, longue d'un pouce au plus, d'un gris d'acier foncé et qui a l'habitude de se rouler en cercle, creuse des trous profonds sous l'épiderme des betteraves autour du collet et mange les jeunes pousses. Les blessures de la racine laissent suinter un suc putride et nauséabond ; les feuilles, mal développées, jaunissent et se flétrissent, et la racine, au lieu de grossir, finit par pourrir. Je le répète, j'ai vu des dégâts très considérables dus à ce mille-pieds dans les environs de Francfort, et il est probable qu'il faut aussi lui attribuer des ravages observés dans les départements du Nord de la France. Quelques agriculteurs auraient considéré, me dit-on, l'animal comme une chenille et auraient allumé de grands feux pour en détruire les papillons. Peine perdue ! Les mille-pieds ne subissent point de métamorphoses : ils posent leurs œufs, qui ressemblent à des gouttelettes de rosée, sur l'épiderme des racines ou dans la terre, et les petits qui en éclosent ont déjà, en naissant, la forme des parents, sauf un nombre moins considérable de pattes.

Le *mille-pieds électrique* (Scolopendra electrica) jette une faible lueur dans l'obscurité ; il laisse même un léger trait lumineux sur son passage. On le trouve dans les endroits où on place le fumier, dans les étables et les vieux celliers humides.

Un jour, pendant la guerre de Sept Ans, un lieutenant de hussards prussiens en expédition dut passer la nuit dans un vieux bâtiment, où il dormit sur une botte de paille étendue à terre. La nuit était pluvieuse et glaciale, le vent mugissait tristement et ébranlait vigoureusement les portes vermoulues. Pendant la nuit, le mugissement devint si fort que le lieutenant s'éveilla. A son grand effroi il vit sur le sol, sur les murs, au plafond même, des traînées lumineuses qui s'entrelaçaient d'une façon étrange, offrant çà et là quelque ressemblance avec des caractères hébreux. Le brave lieutenant éprouvait une impression singulière; il croyait peut-être, dans ces traits lumineux, dont il ne pouvait pas deviner le sens, voir son propre Mané, Thecel, Pharès, que, par méprise, la chancellerie infernale lui présentait sous les caractères de l'Ancien Testament inintelligibles pour lui. Ses sens surexcités lui faisaient déjà sentir l'odeur sulfureuse du diable, et dans les mugissements de la tempête il croyait distinguer le chœur infernal des démons qui fêtaient la réception de sa pauvre âme. Mais cependant, comme notre lieutenant appartenait à l'armée du vieux Fritz (le grand Frédéric) (1), il se remit bientôt, saisit ses armes et étendit la main vers un de ces traits lumineux qui avaient l'air de se mouvoir devant lui. Il sentit alors comme une légère piqûre, et remarqua que l'objet lumineux restait attaché à ses doigts. Sa frayeur disparut aussitôt. Il ralluma la chandelle et vit à la lueur de la lanterne de petites bêtes qui rampaient sur le sol. Il en prit quelques individus et les envoya, dans un tuyau de plume, au pasteur Gœtze, non pas au fameux pasteur que sa dispute avec Lessing a rendu si célèbre, mais à celui de Magdebourg qui vivait dans ces temps naïfs où un prêtre pouvait encore s'occuper des entozoaires, des insectes et des animaux microscopiques, sans que ces études d'histoire naturelle fissent scandale

(1) On sait que, malgré ses succès, ce roi était passablement incrédule et athée. Les choses ont bien changé en Prusse.

parmi ses ouailles. Le pasteur Gœtze, naturaliste sérieux, dont le nom jouit encore aujourd'hui d'une excellente réputation, reconnut de suite le mille-pieds phosphorescent, et conclut simplement de toute l'aventure que de Geer avait tort quand il doutait de la phosphorescence de ces animaux. Il est vraiment dommage que l'histoire ne soit pas tombée en meilleures mains. Pour un auteur de petits traités bibliques ou un élève d'un séminaire de missionnaires protestants cela eût valu quelques livres sterlings.

Les *cloportes* (Oniscus murarius) sont voisins des mille-pieds, quoiqu'ils s'en distinguent sensiblement, et que leur organisation les rapproche davantage des crustacés. Leur respiration se fait par des lamelles particulières munies de cavités ramifiées qui sont cachées sous des valves à la partie inférieure du ventre. Chez les femelles elles servent aussi d'abri aux œufs pendant leur incubation. Les différen-

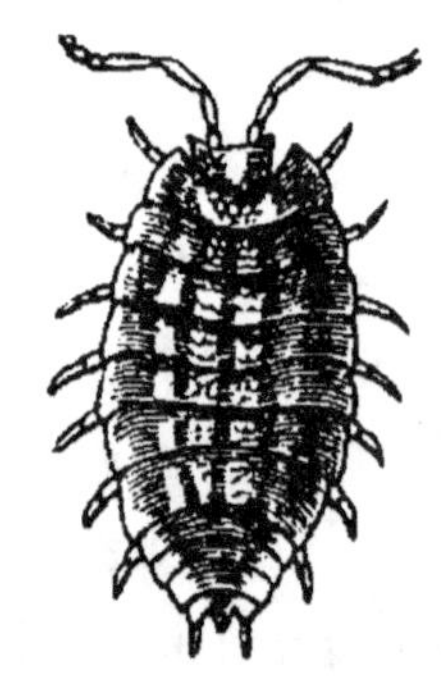

Le cloporte.

tes espèces, dont quelques-unes ont la faculté de se mettre en boule, vivent dans les endroits humides et sombres, dans les caves, sous l'écorce des vieux arbres, etc. Les cloportes se cachent pendant le jour sous les pierres, les feuilles mortes, et sortent la nuit pour chercher leur nourriture qui se compose principalement de matières végétales en décomposition. **Cette façon de se nourrir pourrait difficilement leur** mériter notre haine, mais comme ils attaquent aussi les fruits savoureux qu'on garde en cave, tels que les poires, dans les parties où la peau est endommagée, et qu'ils entament les fruits sur les espaliers, on fait bien de chercher à en détruire le plus possible. Ils ont une prédilection particulière pour certaines espèces de semis et de boutures, surtout pour les pétunias dont ils dévastent souvent les couches. Comme cette plante est devenue une fleur recherchée dans nos jardins modernes, on doit recommander quelques précautions à cet égard.

Les *arachnides*, qui comprennent les araignées proprement dites, les scorpions, les faucheurs (Phalangium), les ricins et les mites ou cirons, se distinguent presque toutes par leur caractère rapace, sournois et le venin qu'elles portent dans leurs mandibules ou dans leur queue. Par la variété d'organisation et de forme, ils représentent, en quelque sorte, dans la classe invertébrée des articulés, les reptiles avec lesquels ils n'ont. du reste, aucune ressemblance, même éloignée. Malgré leur laideur et leur aspect repoussant, la plupart sont simplement utiles à l'homme. Leur venin n'est nuisible qu'aux petits animaux parmi lesquels l'homme a de si nombreux ennemis. Ce dont on les accuse est le résultat de fables ou de méprises et ne peut pas tenir devant le naturaliste sensé.

Les *ricins* (Ricinus) et les *mites* ou *cirons* (Acarus) sont presque tous parasites et par conséquent ne rentrent pas dans le cercle de nos études, quoiqu'il y ait sur eux beaucoup à dire. L'humanité n'a pas peu à souffrir des attaques des cirons, car il est bien établi aujourd'hui que le ciron de la gale (Sarcoptes scabiei), vilaine et microscopique bête de cette famille, est la cause unique de cette maladie de peau et de ses démangeaisons. Le petit animal pénètre sous la peau et y dépose ses œufs. Ses petits creusent plus loin et, par l'enflammation, déterminent des pustules et de l'irritation. Si un seul ciron vivant arrive sur la peau d'un autre individu, il détermine chez lui la même maladie. Jadis les hommes souffraient autant du traitement que du mal. On n'en connaissait pas la nature, et, par une grossière erreur pathologique, les esprits étaient persuadés que cette prétendue maladie avait des suites terribles. La gale ordinaire, la Psoriasis, servit de cheval de bataille au grand Hahnemann, l'honneur de son temps, l'inventeur de l'homéopathie, pour se produire à la foule étonnée, et lui donna gloire et argent. Une gale rentrée était dans ce temps le Shiboleth pour toutes les maladies chroniques sans exception, et comme tout individu a certainement eu une fois dans sa vie des boutons et des rougeurs sur la peau, la gale intérieure était de suite prouvée et la cause de la maladie trouvée. Maintenant qu'on connaît le petit animal, qu'on a étudié sa vie dans ses plus petits détails, ces chimères d'une spéculation fondée sur la crédulité sont retombées dans le néant. On guérit la gale en tuant les cirons. On les tue aussi rapidement que possible en quelques heures avec quelques bains et des pommades caustiques, procédé qu'on aurait jadis regardé comme un attentat à la vie humaine, et on ne sait plus rien de toutes ces maladies terribles que devait causer la gale rentrée.

Mais retournons à notre véritable sujet.

Il y a une foule de cirons qui ressemblent tous plus ou moins à celui de la gale et qui causent beaucoup de dégâts dans nos denrées alimentaires. On en rencontre même avec plaisir quelques-uns, car on les regarde comme une preuve de la bonté de la marchandise. Le vieux fromage tombe peu à peu en poussière ; si on examine de près cette poussière au microscope, on y voit grouiller une masse innombrable de petits cirons à huit pattes qui, peu à peu, dévorent si bien le fromage qu'il ne reste bientôt plus que les peaux vides de ces animaux et leurs excréments. Aux yeux de bien des gens c'est la véritable essence du fromage, et pas un gourmet ne permettra qu'on lui présente du vieux Roquefort sans cette poudre de cirons. Ces désordres sont causés par le *ciron du fromage* (Acarus siro), reconnu par Linné. Sur les prunes sèches et les pruneaux de Tours, sur les figues et les dattes, on voit une efflorescence blanchâtre ou jaunâtre qui garantit la bonté de la marchandise. Dans l'opinion des bonnes ménagères, c'est une efflorescence de sucre. La loupe change cette poussière en petits cirons qui se nourrissent, il est vrai, avec le sucre des fruits secs. Dans le vieux pain, dans la farine, les amandes, dans toutes les matières en putréfaction on trouve différentes espèces de cirons qu'on reconnaît bien vite quand on les examine à la loupe.

Le petit ciron verdâtre, qu'on appelle le *ciron tisserand* (Acarus telarius), fait beaucoup de ravages sur les tilleuls et les haricots, dans les châssis et les couches. Il établit sur la face inférieure de

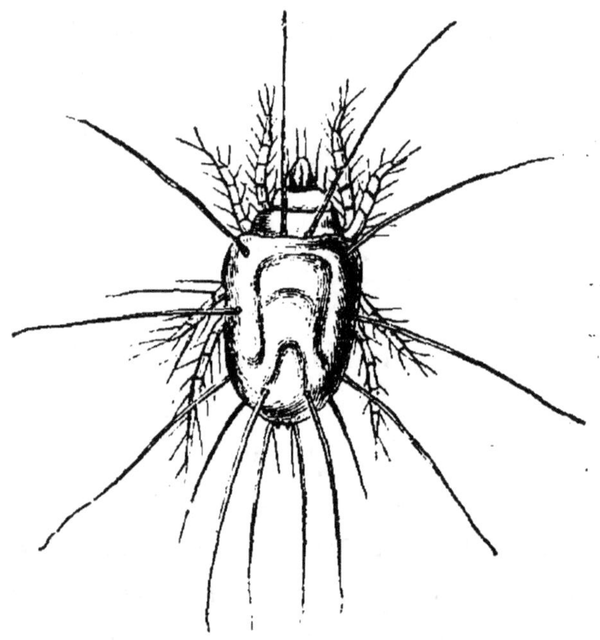

Ciron du fromage.

la feuille ses toiles extrêmement fines et soyeuses, véritables repaires où s'agitent des millions d'animaux. Ils pompent la sève verte à tel point que les feuilles se fanent et tombent, les plantes deviennent malades et meurent. Ils ne se développent que par les temps chauds et secs, et on peut facilement les éloigner en arrosant fréquemment les feuilles avec **de l'eau froide**.

Tout au contraire, à côté des araignées proprement dites, les *faucheurs* (Phalangium opilio) sont d'une utilité particulière. Sur des jambes qui n'en finissent pas, ces singuliers querelleurs portent en le balançant un petit corps presque sphérique, et au moindre contact laissent tomber leurs longues échasses qui, longtemps après avoir été séparées du corps, continuent encore à se contracter. Ce sont des animaux nocturnes qui, pendant le jour, se tapissent volontiers dans une retraite, mais, la nuit, circulent de tous côtés et surprennent surtout les mouches pour les sucer.

Examinons les araignées proprement dites. Elles se divisent en deux classes : les *araignées fileuses*, qui, pour prendre au vol les insectes, disposent artistement une toile variant de forme et de grosseur suivant les espèces, et les araignées chasseresses ou *araignées-loups* qui ne font pas de toiles. Elles se mettent simplement dans une cachette, d'où elles s'élancent sur leur proie vivante. Toutes les araignées possèdent de fortes mandibules garnies de crochets qui sont percés à peu près comme les dents venimeuses des serpents, et communiquent avec une poche à venin. Elles entrent ces crocs aigus dans le corps de leur victime, qui est presque aussitôt paralysée et tuée par l'action du poison ; elles sucent l'intérieur, puis laissent tomber la carapace vide. Les araignées sont cruelles et insatiables ; elles tuent tout ce qui tombe en leur pouvoir. Elles entourent de leurs fils les animaux plus petits de leur race, et ceux dont elles n'ont pas besoin pour leur nourriture immédiate, afin de les garder jusqu'à ce qu'elles aient l'occasion de les sucer.

Cette cruauté explique la façon particulière dont l'accouplement et la reproduction s'effectuent chez ces animaux. Les palpes des mâles sont faits en forme de cuillère et peuvent recevoir dans leur cavité la liqueur fécondante. Les mâles remplissent avec soin ces palpes quand ils se décident à aller trouver dans leurs toiles les femelles qui sont presque toujours plus grosses et plus fortes de moitié. Voici ce que raconte de Geer :

« Je vis une grosse épeire diadème femelle (Araignée à croix papale, comme l'appelle Geoffroy) se balancer voluptueusement au centre de sa toile. Un pauvre petit mâle s'approcha très lentement avec toutes les précautions possibles, recula plusieurs fois et s'approcha de nouveau en posant ses pieds avec lenteur. Tout d'un coup il sauta sur la femelle et voulut l'embrasser. Mais mal lui en prit. La grosse mégère le saisit avec ses pinces, le tua d'un coup de crocs, l'enveloppa d'un tissu en le tournant comme un ballot et le suça entièrement en ne laissant que la peau vide. Ce spectacle, dit le grand-maître du palais de sa majesté suédoise, me remplit réellement de dégoût, de frayeur et de honte pour notre pauvre sexe, si avili parmi ces insectes. »

On peut souvent observer, pendant les beaux jours d'été, les amours de cette espèce qui file si souvent ses toiles sur les vignes. Le mâle s'approche avec des précautions infinies ; au moindre mouvement de la puissante femelle, il recule avec frayeur ou se laisse tomber à terre au bout d'un fil. Dès qu'il a touché les orifices sexuels de la femelle avec ses palpes et que la fécondation est accomplie, il se retire au plus vite, parce que, même après ce doux service d'amour, sa vie est en danger.

A la fin de l'été on trouve souvent les *araignées vagabondes, chasseresses* ou *araignées-loups* (Lycosida), avec une poche attachée au derrière, dans laquelle elles portent leurs œufs ou leurs petits à peine éclos. Elles s'élancent d'un bond sur leur proie, et il est vraiment curieux d'observer comment elles guettent les mouches sur une muraille blanche bien éclairée par le soleil. C'est là qu'on peut le mieux suivre de loin les mouvements de ces araignées presque toujours noires et des mouches de couleur sombre. La mouche se repose tranquillement et se nettoie avec les pattes de devant. L'*araignée-loup* court en un instant sur elle, mais de telle façon que la mouche lui tourne le dos et ne puisse pas la voir. Si la mouche se retourne, l'araignée fait un circuit pour reprendre son poste par derrière. Si la mouche se retourne plusieurs fois à droite et à gauche, il semble que l'araignée soit liée à son dos par une ligne invisible, tant elle la suit exactement dans ses circuits en s'approchant de plus en plus de la mouche pendant ces évolutions. Enfin elle est auprès ; alors d'un bond vigoureux elle se précipite comme un tigre sur sa tranquille proie qu'elle ne lâche pas même en tombant de la muraille, et la suce à l'instant.

A la famille des araignées-loups appartient aussi la fameuse *tarentule* (Lycosa tarentula) que la crédulité italienne accuse de cette maladie particulière décrite par Oken de la manière suivante, d'après les observations que fit le médecin suédois Kahler, dans le siècle dernier : « Une personne devient plus silencieuse, elle paraît beaucoup réfléchir, puis de-

La tarentule.

vient inquiète, perd l'appétit, éprouve de la lourdeur dans les membres ; elle n'a plus ni force ni énergie, elle sent une pression au-dessous du cœur, et une grande inquiétude ; son teint jaunit ; enfin ses dents se mettent à branler, son urine est fréquente et incolore ; tout son être devient mélancolique et farouche. Cet état dure quelquefois deux ou trois ans. On croit alors que la tarentule l'a piquée, quoique ni elle ni personne n'en sache rien, et on imagine que le mal peut être enlevé par la musique.

On fait alors venir des musiciens, avec un violon ou une guitare, pour jouer une mélodie particulière. Au commencement le malade marque la mesure avec une voix caverneuse et lamentable, puis sa figure se colore et il se met tout à fait en danse. Plus la maladie est ancienne et enracinée, plus long-temps dure la danse, souvent jusqu'à deux heures sans interruption. Si les musiciens s'arrêtaient avant que l'accès soit passé on croit que le malade en mourrait. Aux fausses notes il pousse un cri triste, tout son corps tressaille, et il fait des gestes comme s'il éprouvait la plus vive douleur. Quel-quefois le serrement de cœur et l'inquiétude sont si violents qu'il ne peut plus danser. Il tombe alors dans une abondante transpiration, on lui donne un verre d'eau et de vin, et on le laisse reposer une heure. On le fait danser ainsi trois fois à un jour d'intervalle, mais toujours sur un air particulier, car aucun autre n'agit sur lui. Si, dans l'intervalle, il entend par hasard le même air, il ne peut pas s'empêcher de danser. Ensuite, il n'en a plus au-cune envie pendant une année entière, jusqu'au re-tour de la même saison, où on emploie de nouveau le même moyen de guérison. Il y a des gens qui ont dansé 16 et même 25 ans. Quand la maladie tire à sa fin, il vient quelquefois à une articulation une grosseur sur laquelle on met des feuilles de con-combre sauvage. Les personnes distinguées tiennent la maladie secrète. Pendant mon séjour à Tarente, **je fis venir deux musiciens pour apprendre cet air.**

Une jeune fille qui traversait la chambre se mit à danser sitôt qu'elle entendit l'air, et continua pendant trois heures, quoiqu'il n'eût pas été question de piqûre de tarentule. Toute la maladie n'est pas autre chose qu'une sorte d'hypocondrie produite dans ces villes si sales par la vie sédentaire, principalement chez les femmes. »

Léon Dufour, l'entomologiste célèbre qui a tant fait pour la connaissance des insectes, raconte ce qui suit de la tarentule qu'il eut occasion d'observer en Espagne :

« La tarentule, dit M. Léon Dufour, habite de préférence les lieux découverts, secs, arides, incultes, exposés au soleil. Elle se tient dans des conduits souterrains, véritables terriers qu'elle se creuse elle-même. Cylindriques et souvent d'un pouce de diamètre, ces terriers s'enfoncent jusqu'à plus d'un pied dans la profondeur du sol ; mais ils ne sont pas perpendiculaires, ainsi qu'on l'a avancé. L'habitant de ce boyau prouve qu'il est en même temps chasseur adroit et ingénieur habile. Il ne s'agissait pas seulement pour lui de construire un réduit profond qui pût le dérober aux poursuites de ses ennemis ; il fallait encore qu'il établît là son observatoire pour épier sa proie et s'élancer sur elle comme un trait. La tarentule a tout prévu. Le conduit souterrain a effectivement une direction d'abord verticale ; mais à 4 ou 5 pouces du sol il s'infléchit en angle obtus, forme un coude horizontal, puis redevient perpendiculaire. C'est à l'origine de ce coude que la tarentule s'établit en sentinelle vigilante, ne perdant pas un instant de vue la porte de sa demeure ; c'est là qu'à l'époque où je lui faisais la chasse j'apercevais ses yeux étincelants comme des diamants, lumineux comme ceux du chat dans l'obscurité.

« L'orifice extérieur du terrier de la tarentule est ordinairement terminé par un tuyau construit de toutes pièces par elle-même et dont les auteurs ne font pas mention. Ce tuyau, véritable ouvrage d'architecture, s'élève jusqu'à un pouce au-dessus du sol et a parfois deux pouces de diamètre, en sorte qu'il est plus large que le terrier lui-même. Cette dernière circonstance, qui semble avoir été calculée par l'industrieuse aranéide, se prête à merveille au développement obligé des pattes au moment où il faut saisir la proie. Ce tube est composé principalement de morceaux de bois sec mastiqués avec de la terre glaise et si artistement disposés les uns au-dessus des autres qu'ils forment une sorte d'échafaudage figurant une colonne creuse à l'intérieur. Ce qui établit surtout la solidité de cet édifice c'est qu'il est revêtu, tapissé en dedans d'un tissu ourdi par les filières de l'araignée et qui continue dans tout l'intérieur du terrier. Il est facile de concevoir combien ce revêtement si habilement fabriqué doit lui être utile pour prévenir les éboulements, les déformations et pour l'entretien de la propreté et faciliter aux griffes de la tarentule l'escalade de la forteresse.

« La première fois que je découvris les clapiers de la tarentule et que je constatai qu'ils étaient habités en l'apercevant en arrêt au premier étage de sa demeure, qui est le coude dont j'ai parlé, je crus, pour m'en rendre maître, devoir l'attaquer de vive force et la poursuivre à outrance. Je passai des heures entières à ouvrir la tranchée avec un couteau pour investir son domicile. Je creusai à une profondeur de plus d'un pied sur deux de largeur, sans trouver la tarentule. Je fus donc obligé de changer de plan d'attaque et je recourus à la ruse. La nécessité est, dit-on, la mère de l'industrie. J'eus idée, pour imiter un appât, de prendre un chaume de graminée surmonté d'un épillet et de frotter, d'agiter doucement celui-ci à l'orifice du clapier. Je ne tardai pas à m'apercevoir que l'attention et les désirs de la tarentule étaient éveillés. Séduite par cette amorce, elle s'avançait à pas mesurés et en tâtonnant vers l'épillet et, en relevant à propos celui-ci un peu en dehors du trou pour ne pas lui laisser le temps de la réflexion, elle s'élançait souvent d'un seul trait hors de sa demeure dont je m'empressais de lui fermer l'entrée. Alors la tarentule déconcertée était fort gauche à éluder mes poursuites et je l'obligeais à entrer dans un cornet de papier que je fermais aussitôt. Quelquefois, se doutant du piège, ou moins pressée peut-être par la faim, elle se tenait sur la réserve, immobile, à une petite distance de sa porte qu'elle ne jugeait pas à propos de franchir. Sa patience lassait la mienne ; dans ce cas, voici la tactique que j'employais : après avoir reconnu la direction du boyau et la position de la lycose, j'enfonçais avec force et obliquement une lame de couteau de manière à surprendre l'animal par derrière et à lui couper la retraite en lui barrant le clapier. Dans cette situation critique, ou bien la tarentule effrayée quittait sa demeure pour gagner le large, ou bien elle s'obstinait à demeurer acculée contre la lame du couteau. Alors, en faisant exécuter à celle-ci un mouvement de bascule assez brusque, on lançait au loin et la terre et la lycose et on s'emparait de celle-ci. En employant ce procédé de chasse je prenais parfois jusqu'à une quinzaine de tarentules dans l'espace d'une heure. Les paysans de la Pouille, au rapport de Baglivi, font aussi la chasse à la tarentule en imitant, à l'orifice de son terrier, le bourdonnement d'un insecte au moyen d'un chaume d'avoine, dans lequel ils soufflent. La tarentule, ajoute Baglivi, croyant prendre une mouche, est prise elle-même par l'insidieux campagnard. La morsure, du reste, n'est dangereuse qu'aux petits insectes dont elle fait sa nourriture, et elle se laisse facilement apprivoiser, comme j'en ai fait moi-même l'expérience. »

Je ne serais cependant pas charmé de la posséder comme hôte, car, malgré la bande rouge qu'elle a sur le ventre, elle est particulièrement repoussante ; et comme elle est beaucoup plus grosse que l'araignée *porte-croix*, sa morsure n'est peut-être pas sans douleur, si toutefois elle est sans danger.

CINQUIÈME LEÇON

Messieurs !

Dans cette leçon et les suivantes nous devons nous occuper de l'innombrable armée ailée qui, dans les différentes transformations de sa vie, est en guerre ouverte avec le maître de la création. La plupart de ces êtres nous paraissent relativement petits et peu visibles comme individus, mais ils sont dangereux en masse, et prouvent bien la justesse de cette pensée : qu'à la surface du globe l'influence des animaux dans la nature est en général d'autant plus grande que l'espèce est plus petite. Les infusoires microscopiques, les infiniment petits rhizopodes ou foraminifères, les polypes si exigus ont construit des montagnes, tandis que les puissants éléphants et les rhinocéros n'ont laissé que quelques os. Tout va de même. Là où le bon vouloir des princes prise plus haut le plaisir de la chasse que la sueur du paysan, les dégâts que causent le sanglier et le cerf ne peuvent pas se comparer avec les dommages effroyables occasionnés par les chenilles, les larves de mouches, les sauterelles et toute cette armée si peu apparente.

Sous le nom d'insectes nous comprenons aujourd'hui les animaux articulés dont le corps se compose de trois parties principales, bien séparées : la tête, le thorax et l'abdomen ; chaque partie est à son tour formée de plusieurs anneaux, et possède des fonctions entièrement distinctes. La tête porte toujours, du moins chez l'insecte parfait, une seule paire d'antennes de formes et de grandeurs diverses, destinées aussi bien à toucher qu'à sentir et peut-être même à entendre. Sur la tête sont encore placés des yeux ordinairement composés et souvent extrêmement gros, qui manquent à fort peu d'insectes parfaits, mais font défaut chez la plupart des larves ; ils sont souvent accompagnés d'yeux simples ou stemmates. Enfin à la partie inférieure de la tête s'ouvre une bouche de forme très variable dont nous aurons à nous occuper plus loin.

Le thorax porte à sa face supérieure les organes de locomotion aérienne, une ou deux paires d'ailes attachées sur les deux derniers anneaux thoraciques ; à la face inférieure trois paires de pattes, jamais plus, jamais moins, dont la forme donne lieu à mille caractères distinctifs.

Enfin dans l'abdomen, composé d'ordinaire de neuf anneaux, se trouvent les principaux organes de la vie animale : le canal digestif, le cœur, les organes de sécrétion et de reproduction. L'abdomen ne porte pas, comme les deux autres parties du corps, des membres destinés à la locomotion, mais, souvent, d'autres appendices qui ont rapport à la propagation de l'espèce.

Il devient facile de distinguer un insecte des deux autres grands groupes d'animaux articulés : les crustacés et les arachnides. Si l'animal a des ailes, c'est à coup sûr un insecte ; s'il n'a pas d'ailes, les six pattes suffisent pour le distinguer des arachnides qui en ont huit, et l'abdomen privé de membres, ainsi que la présence d'orifices ou de stigmates, qui conduisent à un système de canaux respiratoires répandus dans l'intérieur du corps, le distinguent des crustacés.

Nous n'avons parlé jusqu'ici que de l'insecte parfait, état que les naturalistes ont désigné sous le nom d'*image*, et, dans le fait, ce n'est que là que nous trouvons tous les signes distinctifs dans toute leur puissance. Mais, avant d'arriver à cet état parfait, tous les insectes passent par différentes transformations, d'autant plus importantes pour nous que quelques-unes de ces formes sont justement celles qui nous causent le plus de dommages, et que d'autres se prêtent merveilleusement à la destruction de l'espèce. Avant d'examiner de plus près ces divers états, qu'il nous soit permis de nous arrêter encore un instant sur l'insecte parfait.

Chez un très grand nombre d'insectes, cet état parfait, pendant lequel seuls tous les actes de la reproduction peuvent être accomplis, a une durée relativement fort courte au point qu'on pourrait presque formuler cette loi générale : que l'insecte mâle ne vit que jusqu'au moment de la fécondation, et la femelle jusqu'à ce qu'elle ait pris soin de sa progéniture. En général, pendant la courte durée de leur état parfait, beaucoup de mâles ne prennent aucune nourriture et se soutiennent aux dépens de la substance amassée par la larve ; il y en a même quelques-uns chez lesquels l'ouverture buccale est entièrement fermée ; ils ne peuvent introduire aucune nourriture dans leur corps. Si les femelles vivent plus longtemps, comme par exemple les abeilles femelles ou reines, qui atteignent deux et trois ans, la raison en est que les soins pour leur famille, la ponte des œufs ne cessent qu'au bout de ce temps. En général, ces cas sont des exceptions, et dans la grande armée des insectes c'est presque une règle, que le temps de leur apparition est limité à quelques jours, quelques semaines, au plus à une année, et que, par suite, les périodes des diverses métamorphoses sont liées à certaines saisons.

D'ordinaire, l'insecte parfait n'apparaît qu'une fois par an, à une époque déterminée, qui ne varie pas plus que l'apparition des bourgeons et des fleurs. Dans d'autres cas, cependant, il se produit plusieurs générations dans le courant de la même année. La règle pour le plus grand nombre est que la période de développement pour toutes les diverses métamorphoses s'accomplit dans la durée d'une seule année ; cependant on en trouve aussi qui ont besoin d'une période de plusieurs années pour toutes leurs transformations. Nous en avons un exemple dans le hanneton bien connu de tout le monde. L'insecte parfait ne paraît qu'une fois par an, quelquefois déjà en avril, mais d'ordinaire seulement en mai, suivant la rigueur de l'hiver et la venue du printemps. Le mâle vit quelques jours seulement, la femelle environ deux semaines, jusqu'à ce qu'elle ait pris soin de ses œufs ; comme tous les hannetons ne sortent pas en même temps de terre, la période pendant laquelle on les voit voler dure six semaines et souvent deux mois. Mais le hanneton ne se développe pas en un an. Il vit plusieurs années en terre à l'état de ver blanc. De sorte que, par exemple, les fils des hannetons qui ont vécu en mai 1891 ne reparaissent hannetons qu'en mai 1894. La période de développement est d'au moins trois ans ; d'où on peut présumer qu'en 1900 on reverra beaucoup de hannetons dans les pays qui en ont eu beaucoup en 1896, et que les années intermédiaires se distingueront par une moindre quantité de ces bêtes.

L'insecte parfait porte seul des ailes avec lesquelles il peut s'élever dans l'air, une ou deux paires suivant l'organisation de l'ordre auquel il appartient. Il y a cependant ici encore des exceptions. Certains insectes, par tout le reste de leur organisation, appartiennent à des ordres ailés et passent cependant toute leur vie sans ailes. Les *punaises de lit* (Cimex lectularis) appartiennent sans aucun doute au même ordre que les punaises ailées, et cependant elles n'ont jamais d'ailes dans aucune de leurs métamorphoses, dans aucune période de leur vie. Par tous les traits de son organisation, la *puce* qui reste sans ailes appartient aux mouches à deux ailes ou diptères. Il existe même des différences entre les sexes dans le développement des ailes. Le mâle possède toujours les moyens de locomotion les plus complets. Il voltige çà et là pour chercher la femelle, qui semble beaucoup plus lourde que lui, car elle a le corps rempli d'œufs. Souvent les ailes manquent complètement aux femelles, qui n'ont que les pattes pour se mouvoir, pendant que le mâle, au contraire, peut fendre l'air de ses ailes brillantes. Le *ver luisant* (Lampyre splendidule) est la femelle sans aile d'un petit coléoptère ailé. La femelle de *l'arpenteuse des brumes* est forcée de monter sur les arbres avec ses longues pattes pour y déposer ses œufs dans les bourgeons, tandis que le mâle porte quatre grandes ailes de papillon, avec lesquelles il voltige pendant les froides soirées d'automne.

Si nous faisons abstraction de ces anomalies et de ces exceptions, les ailes nous offrent, par le nombre, la forme et la conformation, des différences si essentielles qu'elles peuvent utilement servir de signes distinctifs pour les différents groupes, comme l'avait si remarquablement imaginé Linné, le père de l'histoire naturelle moderne.

Nous trouvons une importance au moins égale aux appareils buccaux que, contrairement à Linné, Fabricius a utilisés pour la classification des insectes. Il m'est impossible d'entrer plus avant dans l'étude de ces organes et de leurs modifications successives, malgré la séduction d'une exposition plus approfondie ; car c'est à peine si l'anatomie comparée offre un sujet qui puisse être, plus que celui-ci, la preuve éclatante de l'intelligence et du don d'observation chez un naturaliste. Il y a des insectes dont la bouche mâche, chez d'autres elle suce. Les larves de tous les insectes ne possèdent que des organes de mastication, et les recherches les plus délicates dont Savigny, le premier, a donné l'exemple ont montré de quelles façons les appareils de mastication doivent se modifier petit à petit pour former en dernier lieu un appareil de succion. Aussi est-ce dans la manière dont la bouche se modifie chez les insectes que résident les caractères les plus complets pour distinguer les différents groupes, ordres, familles et espèces.

La troisième différence, et peut-être la plus essentielle, se trouve enfin dans la façon dont l'insecte parcourt son existence et accomplit ses métamorphoses. Permettez-moi de ne dire que quelques mots là-dessus et de m'en tenir à ces apparences, bien connues de chacun de nous, de la chenille, de la chrysalide et du papillon.

Le papillon pond des œufs d'où naissent de petites larves appelées chenilles. Nous savons tous que ces larves ont la forme de vers, qu'elles possèdent de très petits pieds rudimentaires et une notable voracité, qui les fait grandir avec une rapidité surprenante. La peau, qui n'offre pas une grande élasticité, devient, littéralement parlant, trop étroite pour leurs repas répétés ; elles la brisent alors et en changent. A chaque mue, la chenille paraît plus grosse, et elle continue à muer jusqu'à ce qu'elle ait atteint sa grosseur définitive. Outre l'ensemble des divers organes, le corps de la chenille contient en ce moment une provision notable de matière qui doit être utilisée pendant les périodes suivantes et qu'on a appelée assez improprement le corps graisseux ; car ce n'est que pendant ce premier état de larve que l'insecte grandit en réalité. Il amasse les différents matériaux qui doivent servir à former les organes de locomotion et de reproduction ; en un mot, tous les organes qui se présenteront plus tard chez l'insecte parfait. Une erreur, très généralement répandue, fait croire que l'insecte parfait grandit encore. On prend de petites mouches pour de jeunes mouches qui deviendront grandes avec le temps, et, étant enfant, j'ai bien souvent cherché moi-même à faire grandir, en les nourrissant abondamment de miel, des espèces de petits papillons, qui étaient sortis de leur chrysalide entre mes mains. Peine inutile ! Ceux qui, à l'état de larves, ne sont pas gros ne peuvent pas, à l'état parfait, réparer ce défaut de grandeur.

Retournons maintenant à nos papillons. Dès que la chenille a atteint le terme de sa croissance, elle se change en chrysalide. Elle se sépare de la nature entière ; enfermée dans une enveloppe plus résistante, elle ne prend pas un atome de nourriture, et ne communique avec le monde extérieur que par sa respiration qui continue pendant tout ce temps, quoique moins abondante. Mais, tandis qu'au dehors elle semble ne pas changer, l'activité créatrice travaille à l'intérieur aux dépens de la matière que la larve a amassée. Tous les organes dont l'insecte parfait a besoin sont maintenant disposés et formés à ce point qu'il n'a plus besoin que de se mettre en liberté en sortant de la chrysalide pour les faire agir. Quand cet état a duré plus ou moins longtemps, l'insecte parfait rompt effectivement l'enveloppe et en sort tout équipé pour la propagation de l'espèce.

Tous les insectes qui, comme le papillon, sortent des œufs à l'état de larves et passent par l'état léthargique de la chrysalide sont nommés *insectes à métamorphoses complètes.*

Pour l'autre grande série des insectes, prenons comme exemple la sauterelle. Là encore l'insecte complet dépose son œuf, et de cet œuf sort un être qui a une ressemblance plus ou moins éloignée avec l'insecte parfait, d'ordinaire cependant beaucoup plus grande que dans la série précédente ; mais il est encore privé d'ailes. C'est là la larve qui possède une voracité terrible, grandit vite et mue plusieurs fois. A chaque changement de peau elle devient plus semblable à l'insecte parfait, et ses ailes, notamment, se développent peu à peu. Au commencement on n'en voit aucune trace ; à la première mue apparaissent des appendices rudimentaires qui grandissent à la seconde et, à la dernière, enfin, sortent ailes complètes. On pourrait presque comparer cette métamorphose avec celle de l'habillement dans l'armée fédérale suisse, et si Distéli, le spirituel caricaturiste, vivait encore, il n'aurait certes pas manqué d'ajouter à sa vie d'une sauterelle quelques feuilles pour dessiner ses métamorphoses. La veste, l'habit en queue de morue et la tunique, qui, dans le développement successif de la milice suisse, lui ont été mis sur le dos, reproduisent, par la progression graduelle du vêtement, celui des ailes de la sauterelle. Pendant tout le temps de sa croissance, l'animal mange beaucoup, mais il ne se renferme pas dans l'immobilité et s'avance vers son état complet et définitif à travers plusieurs changements de peau.

Nous nommons *insectes à métamorphoses incomplètes* tous ceux qui se développent de la sorte.

Si on combine les caractères qui ressortent des trois points fondamentaux de l'organisation des insectes, savoir le nombre et la structure des ailes, la disposition des organes buccaux et l'accomplissement des métamorphoses, on arrive facilement à se procurer la clef qui, avec peu de recherches et de réflexions, conduit à l'ordre auquel appartient l'insecte examiné. C'est déjà gagner beaucoup que de posséder, sans des connaissances approfondies en histoire naturelle, le moyen d'apprendre à reconnaître les ennemis qui nous nuisent. Je place ici un tableau qui pourra servir de guide.

Métamor-phoses	Appareil buccal	Ailes		Noms des ordres
		Nombre	Structure	
Complètes.	Masticateur.	Quatre.	Ailes antérieures cornées, formant des étuis ou élytres. — Ailes postérieures membraneuses repliées en deux.	Coléoptères.
Complètes.	Masticateur avec une langue en forme de trompe.	Quatre.	Membraneuses avec quelques rares nervures veinées.	Hyménoptères.
Complètes.	Masticateur.	Quatre.	Membraneuses à nervures réticulées.	Névroptères.
Complètes.	Suceur ; trompe molle enroulée, composée de deux moitiés latérales.	Quatre.	Couvertures de poussière colorée.	Lépidoptères.
Complètes.	Suceur ; trompe molle dans une gaine complète.	Deux.	Membraneuses avec nervures veinées.	Diptères.
Incomplètes.	Masticateur.	Quatre.	Ailes antérieures membraneuses ; ailes postérieures pliées en forme d'éventail.	Orthoptères.
Incomplètes.	Suceur ; bec perforateur articulé.	Quatre.	Ailes antérieures généralement à demi cornées. Ailes postérieures réticulées.	Hémiptères.

Examinons maintenant d'un peu plus près les différents états de l'insecte.

Dans aucune classe du règne animal, les œufs ne présentent des formes aussi nombreuses, des modifications aussi diverses que dans celle des insectes. De la forme complètement sphérique les œufs passent par tous les degrés jusqu'aux cylindres allongés ; de la lentille à la poire ou au tonnelet, on trouve toutes les formes que peut inventer l'imagination la plus féconde, et la nature ne s'en tient même pas là. Ici l'œuf repose sur un démesurément long et grêle pédoncule à l'aide duquel il adhère comme une excroissance à la surface supérieure de la feuille ; là il pend après un long fil mince dont l'extrémité élastique forme un véritable nœud ; ailleurs c'est au moyen de cornes ou d'appendices en forme d'ailes que l'œuf se tient à la surface de l'élément liquide. Tout le monde connaît ces hideuses larves qui sortent des lieux et des trous à fumiers ; au moyen des contractions vermiformes de leur corps et de leur queue en fouet elles savent grimper le long des surfaces rugueuses. Elles viennent des œufs de la *mouche de fumier*, remarquable par ses larges ailes qui l'empêchent de s'enfoncer dans le liquide infect. Nous trouvons des ailes semblables en forme de petites lancettes auprès de l'œuf de la *mouche du vinaigre* qui est posé sur le liquide en fermentation. Non moins merveilleuse est l'enveloppe extérieure de l'œuf de l'insecte dans ses diverses **structures. On y rencontre des pores qui** tantôt servent à renouveler l'air, tantôt sont destinés au passage de la semence fécondante.

Souvent les œufs sont pondus isolément dans des cachettes en terre, dans les fissures et les fentes de l'écorce, dans l'intérieur des tissus végétaux ou même dans le corps d'autres animaux, aux dépens desquels la larve doit se nourrir et se développer. D'ordinaire aussi les œufs sont très petits, en rapport avec leur grand nombre et avec la petite taille de l'insecte ; leur couleur correspond généralement aux objets sur lesquels ils doivent être attachés, car rarement l'œuf est blanc ou gris ; le contenu est jaune, verdâtre, rouge, brun ou même noir ; aussi est-il presque toujours très difficile de trouver les œufs et de les détruire.

Beaucoup d'insectes, il est vrai, facilitent cette besogne en déposant leurs œufs en tas ; souvent même ils les rendent plus visibles à l'aide d'une enveloppe commune ou d'une viscosité particulière qui les agglutine tous ensemble. L'œuf isolé, gris-verdâtre, de la *livrée* (Bombyx neustria), qui a exactement la couleur du rameau sur lequel il est placé, serait extrêmement difficile à découvrir ; mais comme la femelle dépose autour de la branche quelques centaines d'œufs en les enchaînant l'un à l'autre et en les disposant de telle sorte qu'ils forment un anneau solide, une sorte de bracelet, on peut, sans la moindre peine, apercevoir ces anneaux sur les arbustes, aussitôt qu'ils ont perdu leurs feuilles, les enlever et les détruire. Il serait aussi difficile de trouver l'œuf isolé du *cul d'or* (Bombyx chrysorrhœa); mais ce papillon s'arrache les poils orangés qui ornent son abdomen, il en recouvre ses amas d'œufs collés à la surface inférieure des feuilles et leur donne l'apparence d'un champignon amadou d'un pouce de long, ce qui permet de les trouver et de les détruire facilement. On sait que les œufs déposés par la *nonne* (Bombyx piniperda) dans les fissures de l'écorce des conifères sont tellement nombreux qu'on peut les ramasser par boisseaux.

La durée de l'existence de l'œuf depuis sa ponte jusqu'à l'éclosion de la larve nous paraît extrêmement importante. D'ordinaire son existence est courte, quelques jours, quelques semaines. Dans beaucoup de cas, cependant, il reste tranquille tout l'hiver et sert à continuer l'espèce d'un été à l'autre. Pour la formation de la larve dans l'intérieur de l'œuf il est besoin d'une certaine chaleur, et ce degré de température nécessaire pour le développement diffère dans chaque espèce; en général, il est réglé sur celui qu'exigent les parties des plantes dont les larves se nourrissent. Chaque espèce d'œuf est capable de supporter un certain degré de froid qui, dans quelques cas, peut aller très bas. L'œuf de la nonne, par exemple, supporte sans périr jusqu'à 20 degrés au-dessous de 0°. De même chaque espèce a besoin d'une chaleur déterminée pour être amenée à éclosion. Nous connaissons très exactement ces **températures dans l'éducation des** vers à soie ; on tient les œufs au frais en les gardant dans des caves froides, quand on veut retarder l'éclosion ; on les porte, au contraire, à la chaleur dès qu'on possède pour les nourrir assez de feuilles de mûrier fraîchement épanouies. Le plus souvent il se trouve que cette conservation des œufs pendant l'hiver a lieu chez les espèces dont l'existence repose entièrement sur celle des parties vertes et tendres des plantes à feuilles caduques. Il y a des familles, comme celle des pucerons, dont les générations se suivent avec une rapidité incroyable et qui, pendant l'été seulement, produisent des petits vivants, tandis que, pendant l'hiver, l'existence de l'espèce est assurée par des œufs.

Indépendamment de ce que j'ai déjà dit plus haut sur la voracité des larves, on comprend aisément qu'elles sont les principaux ennemis contre lesquels nous avons à combattre et que, dans le cas où nous faisons la guerre aux insectes complets, nous combattons contre les propagateurs de nos destructeurs futurs et non contre ces destructeurs eux-mêmes. Le charmant papillon qui voltige de fleur en fleur et aspire le miel avec sa trompe souple est incapable de causer le moindre dommage. Mais quand nous tuons une femelle nous détruisons en même temps beaucoup d'œufs d'où seraient sorties de voraces chenilles.

Les larves ont d'ordinaire la forme d'un ver ; dans la plupart des cas elles sont sans pieds (apodes) ou elles n'ont que des rudiments de pattes, mais elles offrent, dans le reste de leur organisme, dans leur vie, leur nourriture, des différences si nombreuses qu'il est impossible de les comprendre dans des formules générales. On peut dire que toute substance d'origine végétale ou animale sert de nourriture ou de refuge à une larve d'insecte. Leurs puissantes mandibules attaquent parfois les métaux mêmes pour se frayer un chemin jusqu'à leur nourriture. Presque toutes mènent une vie cachée et secrète, les unes dans la terre ou dans le bois vermoulu, les autres dans le bois le plus dur et la moelle interne des plantes; celles-ci dans la charogne, les autres dans la chair vivante, les racines, les graines, les os ou les poils, voire même dans la corne dure et dans les organes internes des animaux. Peu d'insectes sont carnivores et se rendent utiles en poursuivant les insectes plus petits; la plupart, au contraire, nous sont nuisibles, car ils attaquent nos plantations et même nos vêtements et nos maisons. De cette façon, les larves des insectes ramènent dans la circulation générale des substances organiques une énorme quantité de matières végétales et animales, tandis qu'elles-mêmes servent à la nourriture d'autres animaux. Beaucoup, en effet, sont chargées de la petite police de la nature, et à cet égard leur action atteint des proportions considérables. Elles enlèvent les matières corrompues, les débris animaux, toutes ces matières qui, par leur putréfaction, peuvent être dangereuses pour les hommes, et elles les transforment dans leur corps en une substance vivante propre à des combinaisons nouvelles.

On aperçoit rarement les larves des coléoptères, même celles qui vivent de proie vivante, comme les larves des *carabes* et des *cincidèles*. Elles cherchent à se cacher dans des trous en terre et en sortent pour s'élancer sur leur proie. Ces larves carnassières ont d'ordinaire d'assez longues jambes, tandis que les autres larves de coléoptères, dont le cercle d'activité est limité, n'ont que des pieds très courts ou de simples rudiments qui peuvent au plus leur servir à ramper. Les larves carnassières sont le plus souvent noirâtres, mais celles qui vivent dans l'intérieur des plantes et des fruits ou qui mangent les vers de terre sont habituellement d'un ton jaune ou rouge pâle. Chez toutes la tête est faite de forte corne, les mandibules sont vigoureusement conformées, et cette conformation est vraiment nécessaire au genre de vie qu'elles mènent. Beaucoup de ces larves vivent en creusant dans l'écorce, l'aubier, le bois et la moelle des plantes, dans les fruits depuis les plus savoureux jusqu'à ceux qui sont plus durs que la pierre. D'autres se nourrissent de nos provisions, comme les vers de la farine, d'autres enfin rongent nos fourrures, nos étoffes de laine, nos collections artistiques et d'histoire naturelle, nos meubles et nos ustensiles. Généralement les insectes complets ne s'inquiètent de leurs rejetons à l'état de larve que pour déposer les œufs dans les endroits où la larve peut se nourrir ;

dans certains cas, chez la plupart des charançons, par exemple, cela ne demande pas peu de soins et de travail. Du reste, les larves vivent d'ordinaire par elles-mêmes, sans que leurs parents, morts depuis longtemps, puissent s'inquiéter encore d'elles.

Il en est tout autrement chez la plupart des hyménoptères ; lorsque l'œuf a été déposé dans l'endroit où la larve doit se développer, celle des galle-insectes et celle des guêpes porte-scie restent abandonnées à elles-mêmes, tandis qu'on voit la plupart des autres hyménoptères, notamment les guêpes, les abeilles, les bourdons et les fourmis, donner les soins les plus intéressants et les plus tendres à leur postérité. Beaucoup de guêpes porte-scie ont des larves semblables à des chenilles ; on les a quelquefois nommées, à cause de cela, fausses chenilles, et elles se distinguent des véritables par le nombre beaucoup plus considérable de fausses pattes membraneuses qu'elles possèdent ; mais les autres hyménoptères armés d'aiguillons venimeux ne produisent que des larves sans pieds, infirmes, qui, généralement, ont besoin d'être nourries pendant tout le temps qu'elles restent dans cet état. Ces nids, ces sociétés, ces organisations politiques que nous admirons chez beaucoup d'insectes sont nécessités et maintenus par les soins à donner à leurs petits ; la nature va si loin dans la rigueur de ses dispositions que, dans beaucoup de ces sociétés, chez les abeilles et les fourmis, par exemple, une nourriture particulière mutile les individus femelles au point d'empêcher la formation des organes sexuels, et ces travailleuses neutres ne peuvent plus être employées que pour la vie commune de la ruche et les soins à donner aux petits.

Les névroptères, dont nous allons maintenant nous occuper, sont peu nombreux; ils possèdent, et parmi eux notamment les *hémérobes* et les *fourmis-lions*, des larves carnassières au plus haut degré avec un corps large et aplati, des mandibules longues et en forme de tenailles qui leur servent à sucer leur proie. Ces larves ont un type si particulier qu'on ne peut en aucun cas, manquer de les reconnaître ou les confondre avec d'autres.

En général, on reconnaît aussi facilement les larves des papillons que nous désignons habituellement par le nom de chenilles, quoiqu'en réalité il y en ait qui, par la configuration de leur corps clypéiforme (en bouclier), et les excroissances singulières qu'elles possèdent, démentent assez leur parenté. Un petit nombre d'entre elles vit dans l'intérieur des plantes, comme la *grande chenille brune du saule* (Cossus ligniperda) dans les troncs des saules et des peupliers, ou les larves des *sphinx* à ailes transparentes (Sesia) dans les tiges de diverses plantes et arbrisseaux. La plupart des chenilles se nourrissent de la partie verte des plantes, des bourgeons, feuilles et rameaux charnus. Quelques-unes rongent les fruits desséchés, les provisions et même le linge, la laine ou la cire. Les caractères distinctifs des che-

nilles sont, outre les trois pattes véritables, attachées aux trois premiers anneaux qui viennent après
leur tête cornée, des fausses pattes abdominales en
nombre plus ou moins considérable, terminées d'ordinaire par une ventouse discoïdale et attachées par
paires aux anneaux de la partie postérieure du corps.
Les véritables pieds antérieurs, qui, d'ordinaire,
sont munis d'ongles, répondent uniquement aux six
pattes de l'insecte parfait. Si l'on coupe un de ces
pieds à la chenille, le papillon sort de la chrysalide
privé de la patte correspondante, tandis que la suppression d'une fausse patte abdominale ne laisse
après elle aucune trace. D'ordinaire les chenilles
possèdent cinq paires de pieds abdominaux : la première est placée à peu près au milieu de l'abdomen ;
la dernière, au contraire, tout à fait à l'extrémité.
Souvent les paires du milieu manquent, comme
dans les chenilles *arpenteuses* (Géomètres). L'animal contracte de là une démarche particulière ; il
allonge et raccourcit alternativement son corps,
comme s'il mesurait l'espace avec un compas.

Les larves des diptères, enfin, d'après les lieux
qu'elles habitent, peuvent bien être appelées les
vidangeurs parmi les insectes. En réalité, leurs élé-
ments sont la boue, la poussière et le purin. Ces vers
sans pieds, appelés aussi asticots, et les larves fort
communes des cousins et des moucherons, vivent
dans les eaux stagnantes, les flaques, les réservoirs,
dans le jus des cloaques, des fumiers, dans toutes les
matières végétales et animales en putréfaction, dans

les blessures en suppuration, les tumeurs et même dans l'estomac et le tube intestinal d'animaux vivants. D'autres cependant ne dédaignent pas la nourriture végétale fraîche et préfèrent généralement aux tissus plus résistants les substances les plus tendres, comme les baies et la chair des fruits à noyau. Quelques-unes sont mêmes carnassières.

Jamais les larves ne montrent un instinct particulier ou des facultés aussi remarquablement intelligentes que les insectes parfaits. Les travaux matériels, le soin d'amasser leur nourriture et les matériaux nécessaires à leur croissance les occupent entièrement et bornent leur activité pendant la plus grande partie de leur existence à trouver le pain de chaque jour. Souvent cette existence est longue, surtout chez les coléoptères ; si le hanneton parcourt une période de trois ans, nous savons avec certitude que les larves de certains buprestes creusent le bois pendant au moins huit ans, et que vraisemblablement le cerf-volant habite tout aussi longtemps dans le chêne avant d'aller, pour ainsi dire, achever son développement dans le sol.

Vers la fin de l'existence de la larve, lorsque sont réunis tous les matériaux nécessaires aux métamorphoses, se produisent quelques actes intelligents destinés principalement à donner aide et protection à la chrysalide pendant son sommeil léthargique. La plupart des larves des coléoptères restent dans les cachettes où elles ont l'habitude de se tenir, ou s'enfoncent en terre en s'entourant d'une simple enveloppe soyeuse filée sans art ; quelquefois elles forment une sorte de boule de terre à l'intérieur de laquelle se trouve une cavité bien lissée où dort la chrysalide.

Les chenilles ont les plus grands soins de leur chrysalide. Tout le monde sait que l'industrie tire du cocon tissé par le ver-à-soie cette matière inestimable qu'aucune autre ne saurait remplacer. Quelques chenilles pénètrent dans le sol et s'y endorment tantôt complètement nues, tantôt entourées d'une mince enveloppe. D'autres enfin se suspendent par leur extrémité postérieure, comme celle du *papillon blanc du chou* (Pieris brassicæ) ou s'entourent le thorax d'une ceinture qui les maintient dans une position horizontale, comme celle du *papillon flambé* (Papilio podalirius). Ordinairement la métamorphose en chrysalide a lieu sitôt que le logement est achevé. Il y a aussi des larves, notamment celles de beaucoup de *guêpes porte-scie*, qui restent encore pendant des semaines à l'état de ver dans leur cocon et ne prennent la peau de chrysalide que peu de jours avant leur métamorphose en insecte complet. On comprend aisément que presque toutes les larves qui vivent de débris végétaux verts ou fanés passent l'hiver à l'état de chrysalide, et que celles seulement qui vivent de matières persistantes, de bois ou de racines, ne tiennent aucun compte du changement de saison.

On ne peut cependant pas faire de cela une règle générale, car il y a beaucoup d'insectes annuels dont les larves vivent de feuilles et autres matières semblables, et qui, cependant, passent les froids à l'état de larves dans une sorte de sommeil d'hiver. Ces chenilles velues, recouvertes de longs poils, dont les papillons à couleurs brillantes portent le nom d'*écailles* ou drapeaux (Caja), passent seules leur hiver dans le gazon, sous la mousse ou les feuilles sèches. De même les chenilles de la *piéride de l'alisier* (Pieris cratægi) et du *cul d'or* (Bombyx chrysorrhæa) supportent des froids intenses dans leur épaisse enveloppe, leur nid, et aux premières chaleurs du printemps sortent en bandes pour dévorer les jeunes et frais bourgeons.

Les chrysalides mêmes peuvent être d'ordinaire aisément nommées d'après les différents ordres d'insectes. Chez les lépidoptères on rencontre généralement les chrysalides proprement dites, ou à relief, dans lesquelles non seulement les contours du corps, mais même les membres distincts sont indiqués par une sorte de rond de bosse. On distingue dans ces chrysalides la tête, le thorax et l'abdomen. On voit aussi les ailes rudimentaires et les pattes, mais seulement indiquées par un relief sculpté dans l'enveloppe dure. Elles ne sont pas encore détachées. La trompe seule fait souvent exception chez les papillons ; elle présente comme une sorte de prolongement en forme de bec dans une enveloppe particulière à la face inférieure.

La peau même de la chrysalide est un nouveau tégument ; il s'est d'abord formé tendre et mou sous l'ancienne peau de la larve qui est tombée lors de l'éclosion de la chrysalide et n'est plus qu'une enveloppe inerte.

Chez beaucoup d'autres ordres, notamment les coléoptères, les névroptères et les hyménoptères, la ressemblance de la chrysalide avec l'insecte parfait est encore plus grande. Une membrane fine enveloppe le corps ; chaque membre a son étui dans lequel il repose serré au corps sans mouvement ni sentiment. Au premier coup d'œil on distingue sur ces chrysalides, nommées aussi des momies ou plus généralement des nymphes, les antennes, les pattes, les ailes qui se rapprochent de leur forme dans l'insecte complet. Ces gros corps ovoïdes, que les fourmis traînent souvent au soleil pendant l'été, et qu'on cherche pour nourrir les rossignols, ne sont pas des œufs : ce sont des nymphes. Il suffit d'enlever avec précaution, à l'aide d'une pincette, le cocon mince qui enveloppe un de ces soi-disant œufs de fourmi. On y trouve une jeune fourmi blanche et immobile, mais avec tous ses membres, enveloppés chacun dans un étui séparé.

Les plus remarquables des chrysalides sont celles des diptères qui sortent de petits vers. La peau du ver se dessèche pour former une chrysalide très étroite en forme de bouteille ou de tonnelet dans laquelle les mouches sont aussi étroitement emmaillotées qu'autrefois les enfants dans leurs maillots. On comprend à peine, en vérité, comment la mouche qui vient de naître, et qui semble occuper un espace trois fois plus grand que ce tonneau, a pu trouver place dans une nymphe ou pupe aussi rétrécie ; on conçoit en même temps la possibilité pour la larve de se développer au sein de sa mère et d'être mise au jour à l'état de petite chrysalide ovoïde, comme c'est le cas pour les mouches pupipares (Nycteribia, Hippobosca).

Faut-il vous décrire comment l'insecte parfait sort de la chrysalide ? Je crois que cela serait peu utile. Vous savez tous que la peau de la chrysalide se détache, que tantôt elle se soulève en partie comme un couvercle, tantôt il se fait une déchirure par laquelle l'insecte, très faible d'abord, se dégage avec peine ; il attend ensuite que ses téguments externes prennent de la consistance. Vous savez qu'au commencement, lorsque les ailes du papillon naissant sont repliées le long du corps, elles deviennent, à vue d'œil, extensibles et solides, jusqu'à ce qu'elles soient en état de servir à leur destination, et vous savez aussi qu'il ne faut pas que ce développement soit troublé, pour que les ailes puissent se déployer dans toute leur ampleur. Souvent quelques minutes suffisent pour achever l'insecte ; mais souvent aussi il faut un temps plus long. C'est pour cela qu'on trouve assez souvent en terre, même pendant l'hiver, des hannetons entièrement conformés, mais encore mous, qui attendent dans la terre le moment où ils pourront paraître à la surface.

Il y a peu de chose à dire des insectes à métamorphoses incomplètes. Si chez eux on distingue les larves et des chrysalides, cela n'a pour ainsi dire lieu que par la formation successive des ailes; du reste, à peu d'exceptions près, les habitudes et la nourriture des chrysalides sont les mêmes que celles de l'insecte complet.

Maintenant que nous avons appris à connaître les traits généraux de l'organisation du monde des insectes, nous pouvons passer à l'examen particulier des espèces et des ordres.

SIXIÈME LEÇON

Un colonel de cavalerie collectionneur de coléoptères.—Signes distinctifs des coléoptères.— Le carabe à la chasse du hanneton.— Les fossoyeurs ou nécrophores.— Les bêtes à bon dieu.— Les charançons et leur industrie. — Le charançon des vignes et son activité.— Procès contre les charançons. — Calandres, charançons du blé. — Le hanneton et sa vie. Danger des vers blancs.—Le hanneton employé comme engrais.— Procédés pour combattre le hanneton.—Quelques autres coléoptères.— Les larves des dermestes. — Histoire de la maladie d'une femme et d'un hypocondriaque.

Messieurs !

Les *coléoptères* ne sont placés en tête des insectes ni par leur intelligence ni par l'ensemble de leur organisation, quoique souvent on leur attribue cette place ; cependant ils renferment les familles les plus nombreuses et les plus séduisantes pour le collectionneur et le naturaliste. Les téguments durs et cornés de leurs élytres, dans des cas exceptionnels seulement, comme chez les cantarelles (Meloë), laissent à découvert une partie de l'abdomen ; leur solide carapace, qui, semblable à une cuirasse, garnit la tête et le thorax, leur permet de se défendre aisément, et offre, contre les influences extérieures, une protection que nous cherchons en vain dans les autres ordres d'insectes. On trouve une diversité extraordinaire des formes du corps dans l'ensemble, comme dans chacune des parties, et, chez beaucoup d'espèces, un arrangement plein de goût de couleurs vives et presque indestructibles ; aussi ne sera-t-on pas étonné qu'on trouve souvent des collections de coléoptères faites par des amateurs, tandis que les collections de coléoptères bien classées et riches sont fort rares, par cela même que le nombre des espèces est énorme et que la détermination, vu la ténuité des signes distinctifs, principalement dans les organes buccaux, est extrèmement difficile sur des individus quelquefois microscopiques. Une des plus grandes et plus riches collections de coléoptères, surtout pour les espèces européennes, était celle du comte Déjean. Savez-vous comment elle a été faite ? Le comte Déjean était, sous Napoléon Ier, colonel de cavalerie, et de même que, dans l'armée autrichienne, les artilleurs de la brigade Véga portaient dans un tube de fer-blanc des tables de logarithmes pour les calculs de leur chef, de même chaque cavalier du régiment Déjean avait dans son porte-manteau une bouteille d'esprit de vin dans laquelle il recueillait des coléoptères pendant les moments de repos que laissait le service. Comme ce régiment fut employé dans tous les pays où Napoléon fit la guerre, ces cavaliers purent collectionner dans presque toute l'Europe. La passion du comte était si connue dans les armées ennemies que, après les combats et les batailles, on lui renvoyait aimablement les bouteilles pleines de coléoptères trouvées sur les morts et les prisonniers.

Tâchons d'embrasser en peu de mots les caractères des coléoptères qui peuvent nous intéresser. Si l'on examine le dos d'un hanneton, il paraît formé de trois parties. Par devant, sa petite tête presque carrée porte à sa base deux yeux composés, noirs et brillants comme du jais, dirigés en bas et immobiles.

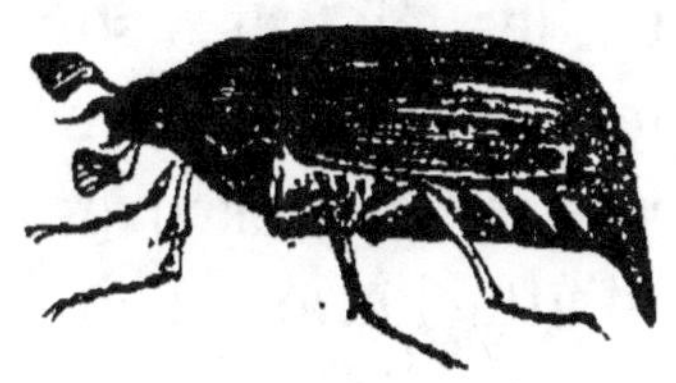

Hanneton.
(Melolontha vulgaris.)

En avant de ces yeux fixes sont placées les antennes dont l'extrémité ressemble à un peigne composé de plusieurs lames, plus grandes et plus nombreuses chez les mâles. Sous la tête est situé l'appareil buccal avec ses puissantes mandibules en forme de crochet, ses mâchoires ou maxilles membraneuses avec leurs palpes articulées qui sont presque continuellement en mouvement. Derrière la tête se trouve une partie large en forme de bouclier, brune ou noire, avec des poils gris : c'est le premier anneau du thorax, que l'on nomme ordinairement le corselet ; il ne porte jamais d'ailes, mais c'est à sa partie inférieure qu'est attachée la première paire de pattes.

Derrière le bouclier thoracique ou corselet, qui, chez les coléoptères, présente souvent des formes et des excroissances particulières, sont attachés les solides étuis ou élytres qui protègent seulement la partie postérieure du corps et ne servent point au vol. Chez quelques coléoptères ils sont soudés par le milieu, de telle sorte que les ailes proprement dites, portées par le troisième anneau thoracique, sont obligées de se déployer par des ouvertures latérales. Ces ailes postérieures, qui sont renfermées complètement sous les élytres, sont repliées plusieurs fois sur elles-mêmes et traversées dans toute leur longueur par de fortes nervures. Entre les élytres, à leur point d'attache, on voit un petit espace triangulaire qu'on appelle l'écusson ; il est d'un beau noir chez le hanneton. Souvent, comme chez le hanneton, au delà des élytres, l'extrémité de l'abdomen se prolonge en pointe ; les trois paires de pattes attachées aux trois anneaux thoraciques sont organisées d'ordinaire pour courir, rarement pour sauter ou nager. On peut presque dire qu'elles sont disposées sur le modèle de la jambe humaine. Elles ont une tête articulaire ou coxe soudée au fémur, un tibia souvent couvert de piquants et de poils, et enfin des tarses, composés de trois, quatre ou cinq articles, et elles portent d'ordinaire à leur extrémité deux ongles tranchants et crochus, avec lesquels les coléoptères peuvent saisir fortement et par suite gravir aisément. Les antennes, dont la forme est extrêmement variable, l'appareil buccal et les pieds servent en première ligne de signes distinctifs pour reconnaître les groupes, familles et espèces. Le cas échéant, c'est là qu'il faut regarder d'abord pour déterminer un coléoptère qu'on a trouvé ; ensuite on cherche les autres signes distinctifs dans la taille, la couleur et les formes particulières pour établir l'espèce.

Les coléoptères ont des métamorphoses complètes et presque tous des larves cylindriques dont les

Larve d'un carabe.

anneaux sont très aisés à distinguer ; ces larves possèdent une tête cornée, avec de fortes mandibules, courtes d'ordinaire et rarement allongées ;

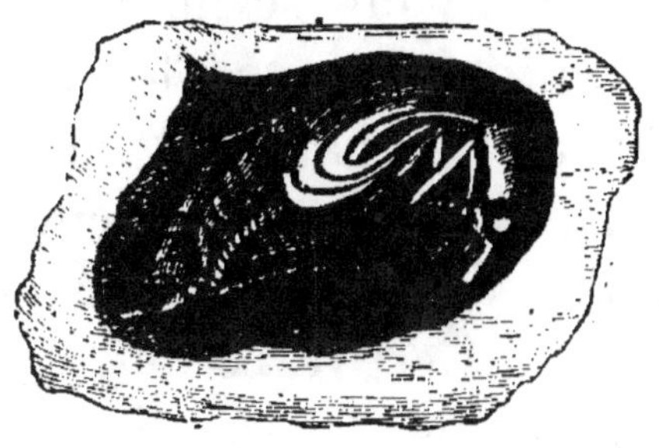

Pupe d'un hanneton dans la terre.

souvent les pattes manquent, et, si elles existent, elles sont attachées aux trois anneaux thoraciques. Jamais une larve de coléoptère n'a de fausses pattes abdominales, comme les chenilles et les fausses chenilles. Rarement elles sont velues et de plusieurs couleurs. D'ordinaire elles sont incolores, rougeâtres, jaunâtres ou noires. Beaucoup sont carnassiè-res et sortent de leurs trous en terre pour chasser sur le sol les autres insectes. Mais la plupart vivent cachées soit en terre, soit dans le bois vermoulu, dans la boue, le fumier et dans d'autres matières végétales vivantes. Les nymphes finement sculptées ont le sommeil léthargique ; rarement elles sont entourées d'un cocon, mais souvent elles sont comme roulées dans une boule de terre.

Chez les coléoptères, nos amis sont bien moins nombreux que nos ennemis, et, malgré ce titre, les premiers sont poursuivis par les gens de la campagne et troublés dans leur utile action. Il faut, du reste, avouer que la plupart d'entre eux ne se distinguent pas par des propriétés très agréables. Presque tous les carnassiers sentent mauvais ; aussi les coléoptères carnassiers qui se nourrissent de proies vivantes, ou ceux qui, comme les fossoyeurs, sont chargés de détruire les charognes, ne peuvent guère se recommander par leur bonne odeur. Les familles les plus carnassières sont les *cicindèles*, coléoptères allongés, d'un beau vert, avec des points clairs. On les trouve partout dans les chemins et les localités exposées au soleil. C'est là qu'on les voit courir avec une très grande vitesse ou voler rapidement à la chasse d'une proie. Leurs larves sont difficiles à apercevoir, car elles possèdent un collier gibbeux qui leur sert à fermer leur trou pratiqué dans le sable, et c'est de là qu'elles s'élancent sur les mouches et les autres insectes.

Nos véritables amis sont presque tous des espèces appartenant à la famille des carabes, et avant tout le *carabe doré*, appelé aussi le jardinier. Ce beau coléoptère, d'un pouce de long, aux élytres vert et or, à l'abdomen noir et aux pattes brun-rouge, court dans nos jardins et nos prairies et fait un ravage étonnant parmi la vermine ; car il attaque avec ses vigoureuses mâchoires non seulement les autres insectes, mais même les limaçons, les vers, les perce-oreille (forficules) et les mille-pieds, et, quand il ne suffit pas seul à vaincre, il trouve pour l'aider des camarades, qui se rassemblent prompte-

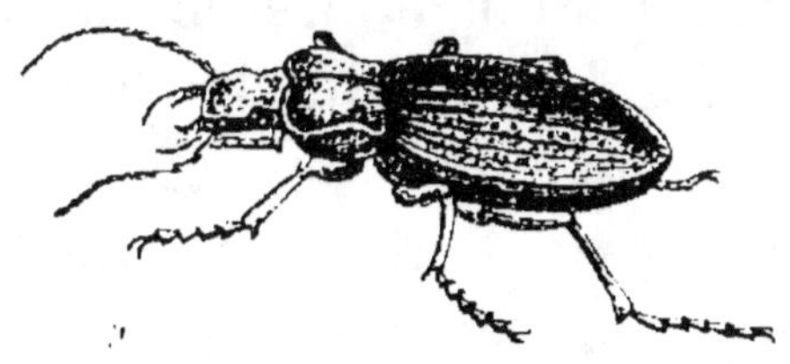

Carabe doré.

ment. Au moment où j'écris, les hannetons se rapprochent déjà de la surface du sol, et on nous en annonce, pour cette année, une grande abondance dans les environs de Genève ; il sera donc facile d'observer les carabes chassant les hannetons plus lourds, il est vrai, que leurs ennemis, mais de faible défense. D'un saut, le carabe se précipite sur sa proie et la saisit sous l'aile, derrière les pattes, avec ses pinces redoutables. Le hanneton cherche à s'envoler, mais le carabe tient ferme et arrache à sa malheureuse victime un morceau des anneaux de l'abdomen. L'intestin et les autres viscères abdominaux sont attachés à ce morceau ; le hanneton, tout en perdant ses forces, essaie de s'envoler et dévide lui-même ses entrailles que le carabe avale vivement ; il le tient ferme et le suit pour continuer son horrible repas avec une cruauté raffinée, jusqu'à ce que le hanneton tombe mort. C'est un vaste champ pour l'activité de la loi de Grammont et de ses illustres promoteurs ; car si le hanneton ne mérite aucun respect, l'ordre moral du monde ne devrait pourtant pas permettre que le criminel soit conduit d'une aussi affreuse façon de vie à trépas. Sans doute que la nature ne connaît ni l'ordre moral ni l'accomplissement humanitaire de sa tâche ; elle ne s'inquiète pas des blessés qu'elle laisse périr misérablement, et dans tous les combats elle laisse triompher la plus horrible cruauté. Nous avons assez de porter la responsabilité de nos propres péchés sans qu'on puisse nous charger encore de ceux des carabes, même si nous les laissons vivre ; aussi croyons-nous devoir donner aux jardiniers et aux paysans le sage conseil de respecter ces coléoptères et ne pas les tuer d'un coup de pioche ou de bêche, comme le reste de la vermine, quand il en vient à leur portée ; car un carabe vivant détruit une grande quantité d'ennemis dangereux. Il faut aussi laisser tranquilles ces noirs et infects coléoptères appelés *staphylins* (Staphylinus), avec leurs élytres raccourcis, qui ressemblent à un habit noir, avec leur long abdomen qu'ils lèvent en l'air comme pour menacer, quand on les touche, et les *fossoyeurs*

(Necrophorus), d'ordinaire d'un beau noir brillant, souvent tachetés de points rouge-sombre. Les premiers ne sont pas moins utiles que les carabes, les derniers enterrent avec ardeur les cadavres des petits mammifères, oiseaux et reptiles, pour nourrir leurs larves aux dépens de ces débris. Ils semblent montrer beaucoup d'intelligence dans cette occupation, car ils enterrent les cadavres les plus légers dans des fosses qu'ils creusent à côté, et ils minent par dessous les plus gros qui s'enfoncent lentement. On va jusqu'à raconter que quelques-uns de ces nécrophores, réunis souvent au nombre d'une demi-douzaine pour travailler en commun, minèrent un bâton planté en terre, sur lequel on avait fiché, je ne sais comment, un crapaud; si bien qu'ils finirent par le faire tomber et s'emparèrent du cadavre.

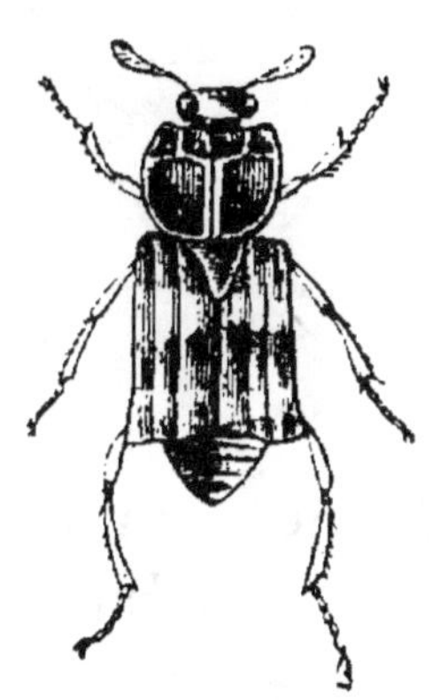

Fossoyeur.
(Necrophorus.)

Un mot encore en faveur des petites et gentilles *bêtes à bon dieu* (Coccinella), qui, aux premiers rayons du soleil du printemps, sortent des retraites où elles ont passé l'hiver, et sont si connues des enfants par leurs élytres arrondis et polis, à taches noires et rouges, par leur vol léger et la liqueur jaune et puante qui sort en gouttelettes de leurs articulations. Leurs larves sont en forme de bouclier, velues et d'ordinaire toutes couvertes de touffes de fils de cire qu'elles sécrètent; mais la larve et l'insecte

sont les ennemis insatiables des pucerons qu'ils
poursuivent de bourgeon en bourgeon, de branche
en branche. Parmi les hémérobes, genre de névroptères, et les syrphes, qui comptent parmi les diptères, se trouvent encore d'autres ennemis des pucerons, qui ne sont pas inférieurs en voracité aux

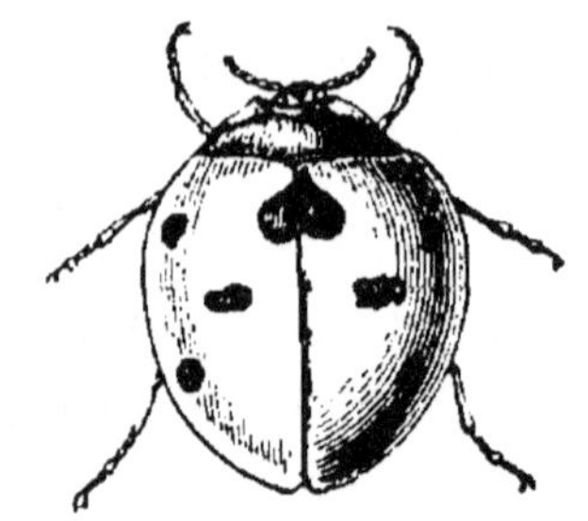

Bête à bon dieu (grossie).
(Coccinella septempunctata).

bêtes à bon dieu ; toutes ces larves méritent qu'on
les respecte et les protège ; quand on veut débarrasser complètement de pucerons une plante en pot,
on enlève avec un pinceau quelques-unes des larves,
aisément reconnaissables, qu'on trouve sur les arbustes où habitent les pucerons, et on les dépose
sur la plante.

Si nous nous occupons maintenant des coléoptères
nuisibles, la famille extrêmement nombreuse des
charançons (Curculionida) s'offre à nous la première. C'est, sans exception, celle du règne animal
qui nous cause le plus de dégâts. Ces coléoptères
sont aisés à reconnaître : leur tête se prolonge en
un bec droit et immobile qui devient quelquefois
extraordinairement long et fin, plus long même que

le reste du corps ; il porte à son extrémité de fortes mâchoires très petites, mais tranchantes comme des rasoirs. Sur les côtés du bec, d'ordinaire vers le milieu, sont attachées les antennes repliées le plus souvent en coude et en forme de fouet. Souvent elles peuvent se loger dans une cavité spéciale sur le côté du bec. A la naissance du bec sont de petits yeux en croissant. D'ordinaire le corps est fortement bombé et les élytres sont si durs qu'il est difficile de les percer avec une épingle. Les grosses espèces de nos contrées atteignent seules la longueur d'un demi-pouce, mais la plupart ont au plus d'une à deux lignes.

La longueur de la trompe est en raison de l'endroit où l'animal doit déposer ses œufs, car leurs larves vivent dans l'intérieur des graines et des fruits, des feuilles, des bourgeons, des rameaux et des tiges. Elles sont toutes sans pieds, repliées en demi-cercle, et ne peuvent ronger que dans leur voisinage immédiat, car elles ne sauraient se mouvoir d'une place à l'autre. L'industrie des charançons consiste à entailler les plantes avec leurs puissantes mandibules et à creuser dans le tissu jusqu'à ce qu'ils aient atteint l'endroit où leur larve doit se nourrir. Ils prennent alors leur œuf presque microscopique entre leurs mandibules et le poussent au fond du canal qu'ils ont creusé. Le charançon des noisettes (Balaninus), par exemple, dont beaucoup de lecteurs ont trouvé la rougeâtre et hideuse larve dans la délicate noisette, a une trompe arquée ex-

traordinairement longue et fine, parce qu'il doit
percer dans les noisettes encore jeunes et tendres
toutes les enveloppes extérieures, la capsule, la
peau, la chair et le germe pour pouvoir introduire
son œuf jusque dans le milieu de l'amande. Au contraire, le charançon des pois (Bruchus), qui n'a
besoin de percer que la gousse pour déposer son
œuf dans le pois ou le haricot, ne possède qu'une
courte et large trompe. Outre les dégâts immédiats
que causent ces larves en dévorant les graines et les

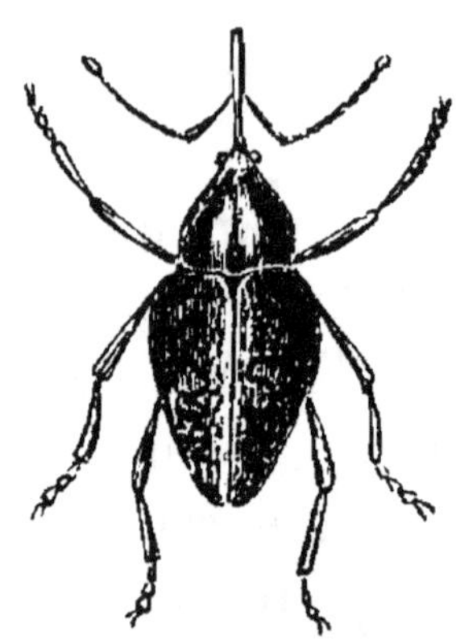

Balaninus grossi.

amandes et souvent même en détruisant les fruits
dans la fleur même, beaucoup de charançons,
comme celui de la vigne (Rhynchites betuleti), sont
extrèmement nuisibles ; ils entament tellement les
pousses des plantes et les jeunes scions de l'année,
où leurs larves doivent vivre, que ces pousses se
fanent et meurent. Parmi toutes les espèces de charançons nous n'en prendrons que trois qui nous
donneront une idée de la vie des autres, et dont
les habitudes, malgré les effroyables dégâts qu'ils

causent dans nos principaux aliments, le pain et le vin, ne sont connus qu'imparfaitement.

Linné, le grand fondateur de l'histoire naturelle moderne, a confondu le charançon des pommiers

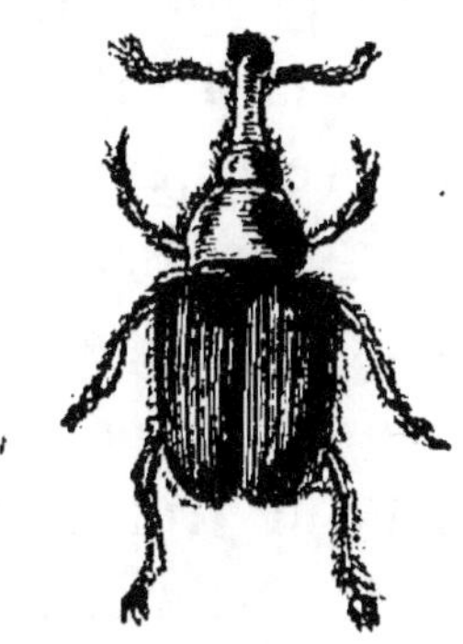

Le charançon des pommiers, grossi.

(Rhynchites bacchus) avec celui de la vigne, appelé aussi la *bèche ;* c'est pour cela qu'il lui a donné bien à tort ce nom significatif du dieu. Ces deux espèces ont, en réalité, une grande ressemblance pour la taille ; elles ont le bec cylindrique commun à tous les rhynchophores et plus large à son extrémité, des antennes coudées et placées dans une longue rainure pratiquée le long de la tête ; la véritable bèche est sans poil ; le charançon du pommier se distingue par sa teinte plus rouge et un duvet notable ; il entame les boutons et les

Bourgeon de poirier entamé par un charançon.

bourgeons des poiriers et des pommiers.

La figure représente son travail sur un bourgeon. Il dépose ses œufs dans les jeunes poires et les jeunes pommes et détruit souvent presque entièrement une récolte, surtout sur les arbres nains.

Le *charançon des prunes* (Rhynchites cupreus) attaque de même les prunes et les quetches, pendant que celui des arbres fruitiers (Rhynchites conicus) se contente de percer les branches vertes et les jeunes pousses, dans les tissus desquels la larve peut se nourrir et se développer.

L'*attelabe de la vigne*, le *bèche* ou *lisette* (Rhynchites betuleti), n'est que trop connu par ses ravages dans les vignobles de l'Allemagne du sud, de l'Alsace et de la Bourgogne. Il est de la grosseur d'une

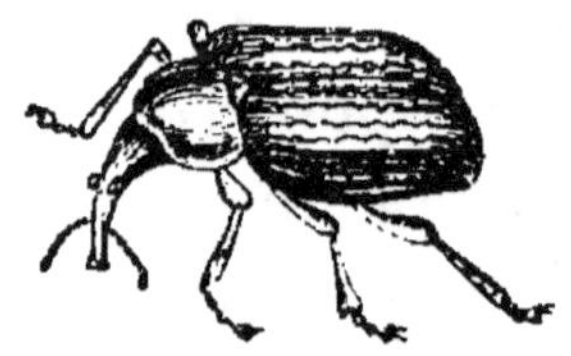

La bèche, grossie.

mouche ordinaire, avec une longue trompe courbée en bas, de hautes jambes et des reflets métalliques. D'ordinaire, il est d'un beau bleu d'acier, souvent aussi vert-doré, couleur de bronze ou même rouge de cuivre, mais toujours complètement lisse et sans poil. La vigne ne souffre pas seule de ses ravages, il attaque différents arbres forestiers et fruitiers, et surtout les poiriers, sur lesquels il se fait remarquer par cette particularité qu'il roule en forme de cigares une douzaine et plus de jeunes feuilles tendres. Au commencement du printemps il semble se tenir de préférence dans les bois, mais dès que la vigne

commence à bourgeonner il émigre vers sa plante
favorite, et on le rencontre souvent alors en quantité innombrable dans les vignobles. Là, son action
est très diverse. Pour se nourrir, ce coléoptère
ronge sur la surface supérieure de la feuille des
bandes droites de plusieurs millimètres de long et
de la largeur de sa trompe ; il en mange la partie
verte en ne laissant subsister que le tissu transparent qui est au-dessous ; la feuille se dessèche ; alors
il coupe à demi les pousses tendres et encore charnues et, plus tard, la tige même des jeunes scions,
au point qu'ils se recourbent et se fanent complètement. Il semble que ce charançon préfère les parties
des plantes à moitié flétries à celles qui sont toutes
fraîches. Pendant ce temps, les feuilles de la vigne
se sont complètement développées, et la bêche commence à s'occuper de sa progéniture. Les feuilles
sont à moitié rongées au pédoncule, de telle sorte
qu'elles se fanent et se roulent sur elles-mêmes. Le
coléoptère y aide souvent avec de grands efforts et
finit par confectionner un rouleau composé de plusieurs grandes feuilles et de quelques petites ; les
mâles et les femelles travaillent d'ordinaire en commun, et, quand le rouleau est terminé, il spercent de
dehors plusieurs trous par où les œufs sont déposés
dans l'intérieur. Les larves en sortent au bout de
huit jours, et ici finit leur histoire.

Il est à peine croyable que l'existence de cet animal ne soit pas plus exactement connue, quand on
pense qu'on a pu le recueillir au boisseau pendant

bien des années dans le Palatinat et le pays de Bade,
que par ordre de l'autorité on dut le ramasser en
Alsace et dans le Margraviat, et qu'il fut enfin,
comme je l'expliquerai tout à l'heure, la cause de
procès d'État au moyen âge. Et c'est cependant la
vérité. Il règne la plus grande incertitude sur le
développement des larves enfermées dans ces rou-
leaux de feuilles, leur transformation en chrysalide, sur la durée de la génération chez ces animaux. On balance pour la durée de l'existence des
larves entre quatorze jours et six semaines. Les uns
croient que la métamorphose en chrysalide a lieu en
terre, d'autres la placent dans les fissures des écorces. Il semble seulement bien établi qu'à la fin de
l'été, en août et septembre, apparaissent de jeunes
coléoptères ; mais à cette époque de l'année ils n'en-
roulent plus les feuilles en forme de cigares, sans
pour cela s'occuper moins activement de la propagation de l'espèce. Les charançons éclos en automne
passent-ils seuls l'hiver pour reparaître au printemps, ou pondent-ils des œufs dont les larves trouvent encore assez de nourriture pour se métamorphoser en chrysalide avant l'hiver et pour pouvoir
attendre sous terre le réveil du printemps ? Jusqu'ici
aucune de ces questions n'est résolue. On ne sait
pas, par conséquent, si l'insecte produit dans l'année une génération simple ou double.

On voit combien les dégâts de l'attelabe peuvent
être considérables par les procès qui leur furent
intentés au moyen âge ; je vais vous en raconter un

des environs de Genève. Je regrette seulement que le charme particulier du vieux français naïf, dans lequel sont dressés les actes, disparaisse forcément dans un abrégé.

En 1545, les attelabes avaient ravagé les vignobles de Saint-Julien, dans le voisinage de Saint-Jean-de-Maurienne, en Savoie. Une instruction judiciaire fut ouverte et une plainte portée par les habitants devant le tribunal épiscopal de Saint-Jean-de-Maurienne. On donna aux insectes un fiscal (avocat), qui prononça leur défense ; mais le jugement fut suspendu par la disparition subite des accusés. Ils reparurent quarante-deux ans plus tard, en 1587. Les autorités communales portèrent de nouveau le procès devant le vicaire général de l'évêque de Maurienne, qui donna aussitôt aux insectes un tuteur et un avocat ; il fit envoyer aux fidèles un mandement pour ordonner des prières et des processions publiques, et exposer en même temps à la population que cette calamité était un châtiment du ciel pour l'acquittement irrégulier des dîmes, et qu'elle pourrait l'écarter à l'avenir en payant exactement et libéralement les impôts et les taxes ecclésiastiques. Le peuple paya ces dîmes et y ajouta péniblement des présents ; mais tout cela ne suffit pas encore, paraît-il, à satisfaire l'appétit des prêtres et à apaiser complètement la colère du ciel. Cependant le procès continuait son cours. On plaida pour et contre, et comme le défenseur des insectes soutint que ses clients avaient le droit de vivre en tant que créatures de Dieu, les autorités municipales appelèrent les bourgeois de Saint-Julien à une assemblée publique sur la place, où on leur exposa : qu'il était utile et nécessaire de fournir auxdits animaux des pacages et des champs en dehors des vignes de Saint-Julien, pour qu'ils puissent y vivre sans être forcés de dévorer et de ravager ces vignobles.

Les bourgeois, tout d'une voix, offrirent aux insectes un morceau de terrain communal d'environ 50 journaux dont les tuteurs et procurateurs desdits animaux devaient prendre connaissance et se contenter, « car », disaient les bourgeois, « ce terrain est bien planté de maintes sortes de bois, d'arbustes et d'herbes, tels que l'alisier, le cerisier, le chêne, le hêtre, le frêne et autres arbres et arbrisseaux, avec une grande abondance de beau gazon et de pré ». Mais dans cette donation les habitants de Saint-Julien se réservèrent le droit de passage sur le morceau de terre, sans vouloir pour cela gêner en rien les repas des insectes. Comme ce lieu était un excellent refuge en temps de guerre et avait d'excellentes sources dont les coléoptères pouvaient user à leur convenance, les habitants gardèrent le droit de s'y réfugier, mais ils promirent, en tout cas, de faire préparer un contrat en bonne forme valable à perpétuité et aux conditions indiquées pour la cession de ce morceau de terre.

Cette résolution fut prise le 29 juin. Le 24 juillet, l'avocat des habitants fit la demande suivante :

« Plaise au juge, dans le cas où les accusés ne consentiraient pas à accepter les offres faites, de lui adjuger ses conclusions dans lesquelles il demandait que les accusés fussent tenus de se retirer immédiatement des vignobles de la commune, et qu'il leur fût défendu, sous les peines les plus sévères, d'y rôder à l'avenir ». L'avocat des insectes demanda un délai pour poser ses contre-conclusions, et au 3 septembre, quand l'affaire fut reprise, il déclara qu'il ne pouvait pas accepter les propositions, que le terrain offert était complètement stérile et ne produisait rien qui pût nourrir ses clients. Ce fut la fin de l'histoire ; car, après la nomination d'experts qui durent visiter les lieux, les insectes disparurent malicieusement sans que jamais ils aient depuis reparu en causant de pareils dégâts.

Vous pourrez peut-être croire, messieurs, que le procès dont je viens de vous faire un récit abrégé est une exception, qui ne saurait offrir un témoignage flatteur pour l'esprit de nos chers voisins les Savoyards. Vous tomberiez dans une profonde erreur. Dans ces temps remarquables d'ignorance où on voudrait nous ramener volontiers, on rabaissait les gens du peuple au niveau des animaux, et, par contre, on égalait les bêtes aux hommes. Alors les procès contre les bêtes étaient journaliers, et les autorités ecclésiastiques lançaient autant d'anathèmes et d'excommunications contre les bêtes malfaisantes que contre les humains, avec cette seule différence que les premières semblaient avoir atteint

un degré d'intelligence supérieur, puisque les excommunications n'exerçaient pas la moindre influence sur leur multiplication, tandis que les
hommes étaient souvent assez simples pour s'en
inquiéter.

Le charançon noir, la calandre du blé, le *ver
noir du blé* (Calandra granaria), est un proche parent
de la bêche. C'est un petit coléoptère allongé, à
peine gros comme une puce, avec un corselet très
allongé, les ailes de dessous imparfaites, les élytres
si durs qu'ils craquent quand on marche dessus.

Charançon noir du blé, considérablement grossi.

C'est un merveilleux petit animal qui, par ses ravages dans les greniers, a déjà causé à maint acca-
pareur et aussi à plus d'un honnête homme bien
du déficit dans ses comptes. Il est encore une preuve
frappante des dommages que peuvent causer ces
petits ennemis dès qu'ils apparaissent en grande
quantité. La vie d'un charançon s'écoule dans un
seul grain de blé. Après avoir passé l'hiver à demi
engourdi dans les fentes des poutres et des planches
des greniers, dans la paille et les menus débris, au
commencement du printemps il introduit son œuf
dans un grain de blé qu'il a coupé, soit à l'endroit
du germe, soit à l'extrémité barbelée; après dix à
douze jours, la larve, épaisse, blanchâtre, à petite

tête brune et sans pieds, sort de l'œuf et creuse peu à peu le grain de blé ; elle consomme toute la partie farineuse et ne laisse que le son et ses propres excréments. Alors elle se métamorphose en chrysalide, et, après environ quarante jours, vers le

Larve et chrysalide du charançon, fortement grossies.
Charançon noir (grandeur naturelle).

mois de juillet, apparaissent les jeunes coléoptères, qui s'accouplent aussitôt et produisent avant la fin de l'automne une nouvelle génération. Le coléoptère, quand il est complètement développé, ne se nourrit que de la farine du grain qu'il attaque et qu'il fouille avec son bec.

Un seul charançon ne peut pas faire beaucoup de mal, mais il en vient des millions qui en produisent des milliards, et à la fin les greniers infestés ressemblent à une ruche ; la chaleur propre aux insectes se développe à ce point qu'on la sent avec la main ; des greniers élevés et aérés, des pelletages et des remuages fréquents, une grande propreté et le blanchissage de toutes les crevasses au commencement du printemps avec de la chaux vive fraîchement délayée sont les meilleurs moyens pour se garantir des charançons.

Passons les autres charançons qui vivent dans les gousses du colza, dans les noyaux de cerises, les noisettes, dans les fleurs des pommiers, dans les pépinières, sur les cerisiers, les pruniers, dans les jeunes pousses des arbres fruitiers, on peut presque dire dans toutes les plantes utiles. J'ai ici un reproche grave à faire aux livres sur l'agriculture ; ils indiquent la manière de vivre de ces insectes, en confondant continuellement les espèces, et nous mettent en tête des moyens de préservation et de destruction la plupart du temps fort peu efficaces et qui sont, en général, tout aussi utiles que l'excommunication au moyen âge.

Je mentionnerai seulement, parmi les autres coléoptères nuisibles, les *perce-bois* (Xylophages), comprenant les Bostriches, Scolytes, Hylésins qui fouillent l'écorce, l'aubier et le bois en y creusant des galeries de forme spéciale où ils déposent leurs œufs ; par leur propre industrie et par celle de leurs larves ils causent souvent de très grands dégâts sur les arbres des parcs et des forêts. Les *capricornes* (Cerambyx), avec leurs longues antennes, donnent aussi naissance à des larves apodes qui rongent le bois. Je pourrais faire un grand chapitre sur mes malheurs personnels avec ces affreuses bêtes, car il y a des années que je suis en guerre avec elles. Une espèce de bostriches a fait périr devant la fenêtre de mon cabinet, et sans que je puisse arrêter ses ravages, un superbe frêne de deux pieds de diamètre, et une larve de capricorne ronge la moelle des pousses de mes poiriers nains. Elle y développe une tumeur informe, empêche les bourgeons de se développer et fait tomber les branches qui, en se détachant, laissent une cicatrice ronde et lisse. Jusqu'à présent il m'a été impossible de déterminer l'espèce de ces larves, car j'ai vainement cherché l'insecte parfait.

Le *hanneton* (Melolontha vulgaris), le plus connu des coléoptères qui, dans toute l'Europe, est le jouet des enfants et le chagrin des parents, nous demande un peu plus d'attention. Il apparaît, après l'hiver, dans le sud de l'Allemagne et en Suisse souvent dès le **milieu d'avril**. Il sort alors de ses trous profondément enfoncés en terre, qui se trouvent souvent

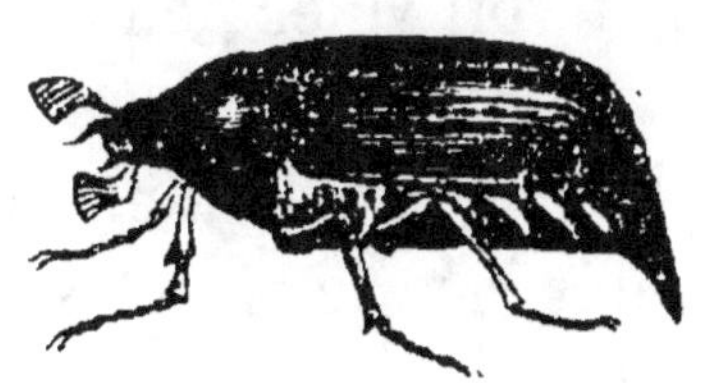

Hanneton.

en quantité dans les endroits sablonneux, et qui sont assez larges pour qu'on puisse fourrer le doigt dans l'ouverture. A une grande profondeur repose le hanneton engourdi et sans mouvement depuis l'automne, et il n'est pas rare, au commencement du printemps, de trouver en bêchant des hannetons vivants qui remuent leurs membres comme en rêvant et ont peine à revenir à la vie, même à la chaleur de la chambre. Pendant les soirées tièdes, les hannetons sortent, volent sur les arbres et les arbustes et mangent, principalement la nuit, les feuilles et les bourgeons de presque toutes les espèces arborescentes et frutescentes sans distinction, à l'exception des poiriers, des noyers et des véritables châtaigniers, qu'ils n'attaquent que quand tout le reste est mangé à blanc. Par les soirées chaudes, ils volètent çà et là. Au jour naissant, et surtout au lever du soleil, ils sont attachés aux branches, comme engourdis, et se laissent alors secouer facilement. Les mâles, qui se distinguent par les peignes plus longs des antennes, ne vivent pas plus de quinze jours ; les femelles, qui doivent prendre soin des œufs, persistent pendant environ un mois; mais, comme tous les hannetons ne sortent pas de terre à la même époque, on en voit voler pendant deux mois et quelquefois plus.

Après l'accouplement, la femelle cherche un sol convenable, de préférence léger et sablonneux, dans lequel elle fait un trou profond d'environ un demi-pied pour y déposer une trentaine d'œufs. Bientôt après ce travail elle meurt, souvent dans le trou même. Les jeunes larves sortent de l'œuf quatre à six semaines plus tard, en juin ou juillet. Une tête jaune avec de fortes mandibules très tranchantes, un corps blanc jaunâtre, de longues pattes jaunes, un abdomen dégoûtant en forme de sac, à travers lequel on aperçoit les excréments de couleur foncée contenus dans le rectum, tels sont les caractères qui suffisent pour reconnaître ces larves généralement connues sous le nom de *vers blancs, turcs* ou *mans*. Pendant la première partie de l'été les vers blancs sortis du même amas d'œufs restent encore ensemble et cherchent leur nourriture dans le voisinage de leur nid. En automne ils s'enfoncent plus profondément en terre et changent de peau ; ils se séparent de plus en plus pendant la seconde et la troisième année, à la fin de laquelle ils ont atteint toute leur grandeur.

Pendant ce temps les vers blancs sont de terribles ennemis pour presque toutes les plantes dont ils mangent les racines ; la salade, les choux, les raves, les haricots, le lin, le chanvre, les céréales, les **racines de** fraisiers, le gazon, les pommes de terre et

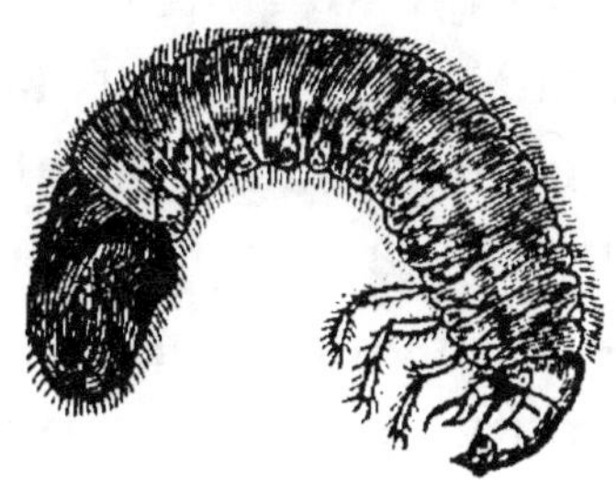

Le ver blanc.

les oignons sont leur nourriture préférée. On doit ajouter qu'ils coupent aisément des racines d'arbres forestiers d'un pouce d'épaisseur, surtout celles des jeunes sapins, et qu'en mangeant les racines, ils ont détruit des pépinières entières et des plantations de rosiers comme j'en ai fait moi-même la triste expérience. Là où ils pullulent on ne retourne pas une planche sans en mettre quelques douzaines au jour.

J'ai souvent vu par moi-même des plantes délicates, telles que des verveines, qui ne peuvent supporter aucune blessure, courber la tête et se flétrir pendant que je les regardais. Avec une petite pelle j'amenais aisément au jour la cause de cette défaillance subite, un gros ver blanc qui avait entamé la racine au collet. Ses puissantes mandibules cornées sont extrêmement tranchantes et peuvent pincer sensiblement. Je n'oublierai jamais l'effroi d'un de mes enfants qui, en suivant le jardinier en train de labourer ses planches, prit avec la main un gros vers blanc gisant par terre. L'animal se cramponna si bien à son doigt qu'on eut quelque peine à le lui faire lâcher. Il avait mordu au sang.

À la fin de l'automne, quand la gelée pénètre en terre, les vers blancs s'enfoncent davantage pour changer de peau, et se rapprocher de la surface au printemps ; ils se métamorphosent en chrysalide à une grande profondeur, dans une boule de terre pétrie, creuse et lisse à l'intérieur. Au bout de cinq à six semaines apparaît le coléoptère, qui, comme nous l'avons observé plus haut, passe l'hiver en terre.

Il s'écoule ainsi trois années pleines, du mois de mai au mois de mai, jusqu'à ce que la progéniture d'un hanneton réapparaisse à la surface. De tout ce temps il a passé près de six mois sous terre dans un demi-engourdissement, un mois à manger et à faire l'amour sur terre à l'état d'insecte parfait, six semaines dans l'œuf, six semaines en chrysalide, de sorte que de trente-six mois dont la vie se compose il a vécu vingt-six mois sous la forme de ver blanc.

Il est maintenant facile de comprendre que les années favorables, où les hannetons ont paru en quantité considérable, font sentir longtemps leur influence pendant une période de trois ans. Supposons que cette année soit une année à hannetons. Les nombreux hannetons qui paraissent cette année pondront une énorme masse d'œufs qui produiront beaucoup de vers blancs, et, dans trois ans de nouveaux, beaucoup d'insectes parfaits. C'est sur le retour des années où on les voit voler qu'on n'est pas complètement d'accord. On veut, en Franconie et dans le nord de l'Allemagne, admettre une période de quatre ans, tandis qu'en Suisse et en France elle est certainement de trois ans. Il est très remarquable que la Suisse appartienne à deux systèmes différents : la Suisse orientale a la même période que les contrées allemandes voisines, et la Suisse occidentale la même que la Bourgogne et l'est de la France. Je me repens presque d'avoir parlé de ce rapprochement, car qui sait si un jour la passion d'annexion de l'Allemagne ne mettra pas en avant les hannetons pour justifier la possession de la Suisse orientale. On a vu donner de plus mauvaises raisons !

Cependant il ne faut pas compter sur le retour certain de ces périodes, et il faut bien penser que des circonstances particulières peuvent modifier leur durée. Plusieurs années successives humides et froides peuvent tuer les larves et les chrysalides, les troubler dans leur développement et ramener une année d'abondance à des quantités minimes. Une saison particulière peut, au contraire, favoriser leur développement, nuire aux ennemis du hanneton et transformer, pour une longue période, une année ordinaire en une année d'abondance.

Quoi qu'il en soit, il est certain que souvent les hannetons paraissent en nombre immense, et qu'il s'agit alors de savoir non pas comment en ramasser un quintal, mais comment employer tous ceux qu'on a recueillis. Les poules et les cochons ne peuvent pas venir à bout de telles quantités et se dégoûtent d'en manger. Les hannetons se sauvent de l'eau où on les jette; les écraser est dégoûtant et peu praticable quand on en a des boisselées, et les enterrer c'est, comme on dit, jeter le poisson dans l'eau pour le noyer. Dans le canton de Berne, je me rappelle avoir vu les autorités sérieusement embarrassées, jusqu'à ce que l'idée leur vînt de louer une huilerie et d'y faire piler les hannetons, ce qui lui donna un excellent fumier. Par malheur j'ai oublié de noter combien de simri (la plus petite mesure de capacité du pays) furent récoltés rien qu'à Thoune où j'étais alors, à raison d'un centime par simri; cela frise les *Mille et une Nuits;* mais si l'on réfléchit que le 18 mai 1832, à neuf heures du soir, la diligence à six chevaux fut forcée de rebrousser chemin entre Gournay et Gisors à cause des essaims innombrables de hannetons qu'elle rencontra et qui faisaient peur aux chevaux; quand on pense qu'en mai 1841, à Mâcon, les ponts sur la Saône, pendant quelques soirées, n'étaient plus praticables à cause de la masse des hannetons qui remplissaient l'air, on commence à comprendre les épouvantables dégâts que ces animaux peuvent causer dans les champs, les jardins et les bois.

Les moyens qu'on a proposés contre les hannetons sont, le plus souvent, complètement insuffisants quand les dégâts sont considérables; en général, on ne peut les employer que contre l'insecte parfait; mais dans le sol le ver blanc échappe complètement, surtout dans certains endroits, comme les prés et les bois, où la terre n'est jamais retournée. Dans les jardins et les champs la bêche et la charrue en amènent quelques-uns à la surface, et il faut bien dire que l'abandon de la jachère dans l'agriculture moderne et le travail répété de la terre offrent l'avantage immédiat de détruire beaucoup de larves. Voyez l'attention avec laquelle les oiseaux de la race des corbeaux, les corneilles, les choucas et les étourneaux suivent la charrue, picotant à droite et à gauche et mangeant avec délices les gras vers blancs qui remuent entre les mottes de terre. Voyez les perdreaux et les autres petits oiseaux aller, quand le laboureur s'est éloigné, grattant les sillons fraîchement retournés; vous vous convaincrez de nouveau des riches bénédictions que le cultivateur trouve dans les fréquents labourages du sol.

Mais comment faire s'il y a des vers blancs dans les prés et les bois? Le froid le plus rigoureux ne les atteint pas, et ils résistent même à une inondation qui met les prés pendant un mois sous l'eau. Je ne connais en réalité qu'un seul moyen : c'est la multiplication des taupes. Selon moi, la question se pose ainsi : Qu'est-ce qui coûte le plus de retourner de temps en temps tout un pré et de perdre une certaine quantité de fourrage ou de répandre les buttes des taupes, travail qu'il faut recommencer pendant environ un mois au printemps? Si l'on établit le compte, par doit et avoir, on saura ce qu'on doit faire.

Contre le hanneton lui-même il n'y a pas, en définitif, d'autre moyen que la récolte de l'insecte encouragée par l'État, ce qui se pratique le mieux le matin de bonne heure au lever du soleil, quand l'insecte est engourdi; il tombe, si on le secoue. Les ennemis des insectes, et parmi eux les oiseaux insectivores, n'ont pas la même périodicité dans leur développement et ne peuvent pas suffire, à beaucoup près, même avec les plus grands efforts, à la tâche que leur impose la quantité innombrable de hannetons. Les dispositions qu'il faut prendre, et qui consistent principalement en une somme payée par mesure de hannetons recueillis, doivent venir de l'autorité, car le mal est général; il ne s'attaque pas à une seule localité, un seul district, mais à de grandes étendues de pays. A quoi bon, par exemple, qu'un particulier ramasse les hannetons sur ses propriétés, si un voisin les laisse circuler en liberté ? A quoi sert-il à nous autres Genevois de faire ramasser les hannetons, même dans tout le canton, si nos voisins de France, que nous pouvons aller trouver en une heure dans toutes les directions, ne prennent pas les mêmes soins? Il y a quelques années, le mont Salève, situé à une heure de Genève, paraissait, au mois de mai, brun au lieu de vert; et, dans une excursion que nous fîmes, nous entendîmes dans le bas de la forêt un bruit semblable à celui de la pluie qui tombe. Il venait de millions de hannetons qui dévoraient les derniers bourgeons des broussailles. Croit-on que ces essaims ne se répandent pas sur le territoire de Genève, et que leurs enfants respecteront le poteau qui marque la frontière de la république?

Le nombre des autres coléoptères nuisibles est trop grand pour que je puisse seulement les nommer ici. Il y a certains *taupins* (Elater) qui, au moyen d'un appareil particulier adapté à la poitrine, sautent en l'air dès qu'on les met sur le dos, et dont les larves, raides comme des morceaux de fil de fer, causent de grands ravages dans les céréales, surtout dans le Nord; le *grand bouclier noir* (Silpha), qui se nourrit principalement de charogne et dont la larve fait beaucoup de tort aux jeunes navets et aux jeunes betteraves; les *nitidules*, qui attaquent la fleur du colza et rongent ses organes intérieurs de telle façon qu'elle ne vient pas à fruit; les *dermestes* du lard et des fourrures dont les larves recouvertes de poils raides font de si grands ravages dans nos provisions et nos vêtements d'hiver. Ce sont de fàcheux compagnons dans nos maisons. Celui qui porte une bande brun clair ornée de trois points noirs sur les élytres, et qui est aisément reconnaissable, passe l'hiver dans les crevasses ; il produit des larves beaucoup plus grandes, brunes

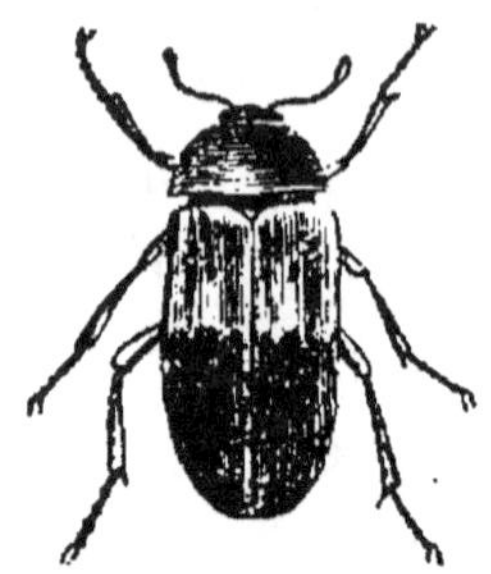

Dermeste du lard, grossi.

en dessus, blanches en dessous, qui rongent surtout les fourrures graisseuses et les peaux, laissent partout leurs ordures et leur enveloppe toute hérissée de poils raides. Ils se métamorphosent en chrysalides dans la fourrure même, en tissant leurs poils dans la coque.

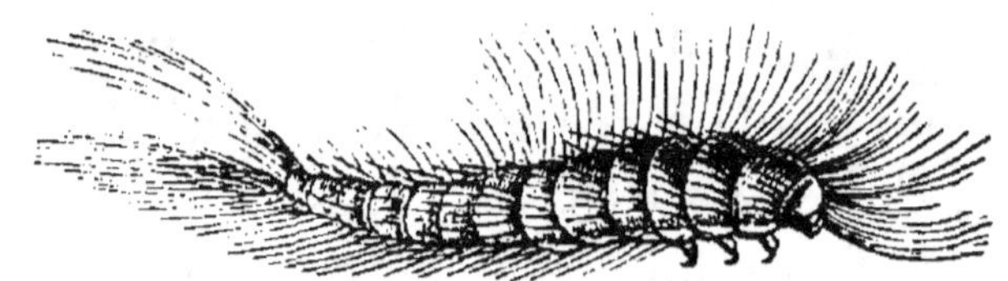

Larve du dermeste, considérablement grossie.

Je nommerai enfin le *Tenebrio molitor*, dont la larve appelée *ver de farine* se trouve souvent dans la farine, le son et le pain. Comme les rossignols préfèrent ces vers à toute autre nourriture, l'éducation des vers de farine est un petit profit accessoire pour les boulangers et les meuniers, dans les pays où on a la barbare habitude de garder ces oiseaux en cage. Du reste, ces larves jaunes et dures sont les hôtes les plus désagréables des coffres à farine. Les larves de l'espèce voisine appelées *vers de cuisine* (Tenebrio culinarius) et les *croque-morts* (Blaps mortisaga) vivent dans la poussière et les ordures des habitations malpropres. Il y a quelques années on m'apporta quelques-unes de ces larves qu'une femme, souffrant d'une maladie organique d'estomac, devait avoir rendues en vomissant. La femme soutenait mordicus qu'elle avait des vers dans l'estomac, et que ces vers étaient la cause de sa maladie invétérée. Le médecin ne paraissait pas éloigné de se ranger à cette opinion, et j'eus assez de peine à le convaincre que ces vers n'avaient pas pu vivre dans l'estomac, mais qu'ils étaient sortis des fentes du parquet pour gagner les copieux repas que les vomissements leur apportaient. Il me souvient, à ce propos, de l'histoire de cet hypocondre qui, à la façon de certaines gens, examinait chaque fois avec grande attention ses déjections et, tout plein de frayeur, apporta un jour à son médecin quelques vers velus, qu'il crut la cause de ses maux d'entrailles. Le médecin reconnut de suite la larve velue du *larron* (Ptinus fur) et se convainquit, par des recherches plus précises, que toute une colonie de ces coléoptères habitait dans le coussin détérioré de la chaise percée, d'où ils étaient tombés dans le vase.

Le noir et puant *croque-mort* (Blaps) qui rôde la nuit dans les maisons et qu'on trouve quelquefois dans la cuisine, lorsqu'on veut préparer quelque chose pour un malade, passe pour un présage de mort, comme l'opiniâtre *horloge de mort* (Anobium pertinax) dont les coups sourds dans le bois où il fouille ressemblent au battement d'une montre. Pendant que l'insecte fait ce bruit, il pense moins à la mort qu'à la vie future qu'il peut donner lui-même : il appelle sa femelle en frappant avec sa tête.

SEPTIÈME LEÇON

Description des Hyménoptères.—Leur utilité.—Guêpe porte-scie et Ichneumonides (mouches vibrantes). — Larves du Cynips du chêne à galle (mouche des galles).— Déceptions des éleveurs de papillons. — Combat d'une guêpe dorée (Chrysis) et d'une abeille maçonne. — Instinct des guêpes fouisseuses.—Comment elles atteignent leur proie.—Combat d'une guêpe fouisseuse et d'un coléoptère.— Les abeilles maçonnes et la fécondation des plantes. — Les fourmis et leurs travaux. — L'esclavage chez les fourmis.

Messieurs !

Les insectes ont certainement leur type le plus parfait dans le merveilleux ordre des *Hyménoptères* (à ailes membraneuses) qui méritent notre attention toute spéciale, moins par leurs couleurs et leurs formes extérieures que par le remarquable développement d'intelligence dont ils font preuve dans leur économie domestique. Quand je dis que les abeilles et les fourmis appartiennent à cet ordre, chacun sait immédiatement que nous avons affaire à des êtres qui, par le développement de leur nature individuelle et sociale, occupent parmi les animaux un rang élevé dans l'échelle de l'intelligence. Avant de pénétrer plus avant parmi ces merveilles, nous examinerons de plus près les particularités de la formation et du développement des hyménoptères qui servent à les faire reconnaître.

Le nom indique déjà qu'on trouve chez ces insectes quatre ailes membraneuses, le plus souvent complètement transparentes, incolores et portant quelques nervures. Elles ne manquent que dans des cas très peu nombreux, chez les ouvrières des fourmis, par exemple. D'ordinaire ces ailes sont longues, vigoureuses ; le vol est très rapide et soutenu à tel point que, sous ce rapport, peu d'insectes peuvent se mesurer avec les hyménoptères. La tête est moyennement grosse, fortement prononcée ; ses gros yeux composés, placés généralement de côté, la font paraître plus large que longue ; les antennes sont presque toujours filamenteuses ou soyeuses. L'appareil buccal est encore masticateur, mais souvent aussi un allongement notable de la lèvre inférieure lui permet en même temps de sucer, on pourrait presque dire de lapper. L'abdomen est généralement élancé, cylindrique, tantôt attaché au thorax dans toute sa largeur comme chez les *porte-scie* (Tenthredo), d'autres fois il n'y tient que par un mince pédoncule, comme chez les guêpes proprement dites. Ils sont armés soit d'un aiguillon venimeux, qui peut se rentrer complètement, soit de tarières protégées par des lames cornées latérales. Comme l'aiguillon n'est qu'une modification des tarières, il manque toujours chez le mâle et n'existe que sur les femelles ou sur les individus appelés neutres, **qui ne sont que des femelles atrophiées.**

Il y a des différences très remarquables dans la formation des larves. Chez tout un groupe de l'ordre, chez les *guêpes porte-scie* (Urocères et Tenthredo), les larves possèdent d'ordinaire, outre les véritables pieds thoraciques, un grand nombre de faux pieds abdominaux ; aussi les a-t-on appelées *fausses-chenilles*. Chez la plupart des autres hyménoptères, au contraire, les larves sont des vers sans pieds au corps vermiforme ; elles sont presque incapables de changer de place, et sont tantôt déposées par leurs parents dans le voisinage immédiat de leur nourriture, tantôt nourries par ces parents et des nourricières. Les chrysalides sont, en général, enveloppées dans un tissu léger, et finement sculptées, de telle façon que les différentes parties du futur insecte peuvent être clairement reconnues.

Dans cet ordre, le bien et le mal pour l'homme sont presque également partagés ; le bien cependant l'emporte peut-être, car si les porte-scie détruisent beaucoup de plantes utiles, si les guêpes et les fourmis font beaucoup de tort à nos provisions, nous ne devons pas oublier, à côté de cela, les précieux produits de l'abeille, le miel et la cire, les nombreux services que les ichneumonides et les guêpes fouisseuses nous rendent en détruisant des masses d'insectes nuisibles, et les abeilles sauvages et les bourdons en fécondant beaucoup de nos plantes utiles. Chez quelques espèces, les dégâts que causent les espèces voisines se changent en services évidents par l'utilisation des excroissances maladives que leurs piqûres déterminent sur les plantes. Un des principes essentiels de l'encre est la noix de galle, produite sur le chêne par la piqûre du Cynips du chêne au pédoncule des feuilles. Que serait le monde sans encre? On n'ose pas pousser plus loin cette réflexion, et le parti rétrograde qui voudrait faire retourner en arrière le char du temps et de la science n'a certes pas encore songé à nous faire reculer jusqu'à cette époque où la simplicité patriarcale ne connaissait d'autres matières pour écrire que le ciseau et la pierre.

Parmi les hyménoptères nuisibles nous trouvons tout d'abord les *guêpes porte-scie* (Tenthredonida). Une tête large sessile, la partie postérieure du corps épaisse et ramassée formant la continuation immédiate du thorax, les antennes assez longues et la tarière peu saillante les caractérisent suffisamment; leurs larves, dites fausses-chenilles, sont munies de 18 à 22 pieds et ont généralement de petits yeux; d'ordinaire elles roulent en colimaçon la partie postérieure de leur corps et vivent surtout de feuilles. Nous trouvons sur les rosiers plusieurs variétés de ces chenilles qui souvent dévorent toutes les feuilles; nous en trouvons également d'autres variétés sur le colza, sur les cerisiers, sur les groseilliers, le maquereau et les groseilliers ordinaires. Toutes ont une façon de vivre commune. La mère, au moyen de sa tarière en forme de scie, entame la feuille et introduit, sous l'épiderme, son œuf **qui se développe bientôt. Les petites chenilles** une fois nées se cachent souvent dans une enveloppe filée ou dans leurs propres déjections visqueuses, ce qui leur donne l'apparence de petits limaçons ; quand elles ont atteint leur croissance, elles font leur coque dans le sol. D'ordinaire elles passent l'hiver dans leur coque à l'état de larve et ne se changent en chrysalides que peu de temps avant

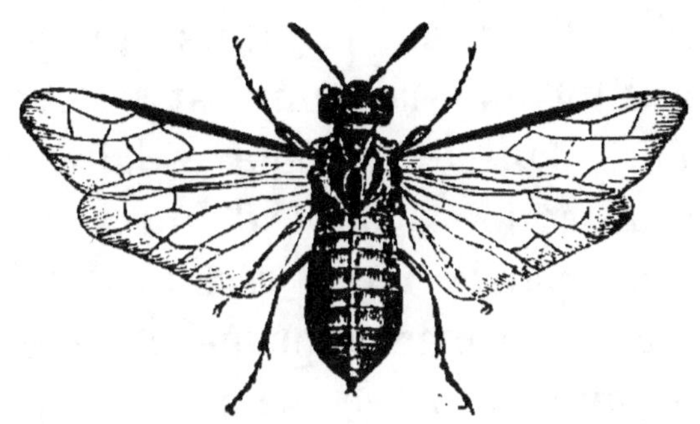

Guêpe porte-scie du rosier (Hylotoma rosarum),
grossie de moitié.

leur dernière métamorphose, de telle façon que leur vie, comme chrysalides réelles, est très courte par

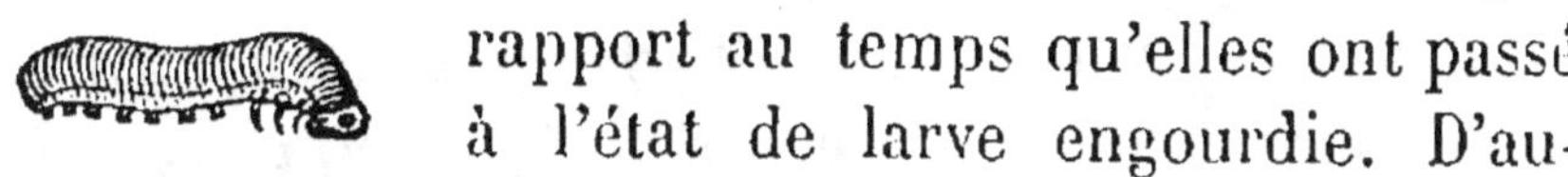

Fausse-chenille du colza (Tenthredo spinarum) ayant sept paires de fausses pattes.

rapport au temps qu'elles ont passé à l'état de larve engourdie. D'autres larves qui se tordent, à pieds très courts, habitent l'intérieur des fruits, parmi lesquelles la *guêpe des pruneaux* (Tenthredo flavicornis) nous fait beaucoup de tort. Dès que la fleur du prunier s'est ouverte, cette guêpe fait un trou dans le calice et introduit son œuf jusque dans le microscopique embryon du fruit qui est au centre de la fleur ; le petit ver, bientôt éclos, se nourrit du jeune fruit, creuse jusqu'au milieu de l'amande, la mange

et porte un tel trouble dans la prune qu'elle se fane
peu à peu et tombe à terre quand elle a atteint
à peine la moitié de sa grosseur. On reconnaît
facilement la présence de la larve au trou gom-
meux qui sert à mener dehors ses sécrétions
répandant une odeur de punaise, et on commet
généralement l'imprudence de laisser à terre les
prunes tombées. C'est, en vérité, une grande impré-
voyance, car, sitôt que la prune est à terre, la larve
sort et s'enfonce dans le sol pour y faire sa coque.
Elle échappe de cette façon à d'autres recherches.
La plus grande partie de la récolte des quetches
(prunes longues, prunes à pruneaux) est détruite
bien souvent par cette larve. Le plus simple moyen
de préservation est de ramasser plusieurs fois par
jour les prunes tombées et de les donner aux cochons qui mangent et digèrent très bien et la prune
et la larve.

Une autre grande tribu d'hyménoptères à tarière
est composée des nombreuses *guêpes pupivores* ou
ichneumonides, dont les larves parasites vivent aux
dépens d'autres insectes. La partie postérieure de
leur corps, souvent attachée au thorax par un mince
pédoncule, est en général longue et effilée ; les
tarières sont d'ordinaire très ténues, souvent très
longues et munies à l'intérieur d'un aiguillon, de
telle sorte qu'en volant, beaucoup d'espèces doivent porter l'abdomen et ces tarières comme un
balancier. Les espèces les plus grosses, générale-
lement aux vives couleurs, se rencontrent partout

sur les herbes et les arbustes, tâtant continuellement avec leurs longues et fines antennes, furetant
vivement çà et là et mangeant parfois le suc des
fleurs. ·Les petites espèces sont presque microscopiques et parées, même dans ce cas, des plus vives
nuances. Il n'est, dit-on, si petit pot qui ne trouve
son couvercle. De même, chaque insecte a, parmi la

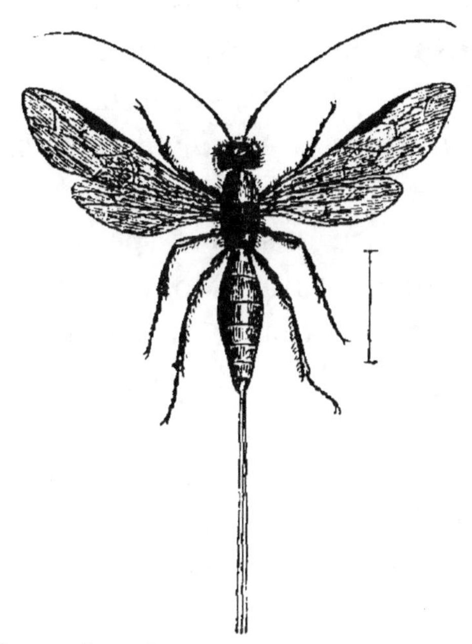

Une guêpe (Bracon flavator), grossie.

famille des Ichneumonides, non pas un, mais plusieurs ennemis parasites dont les larves se nourrissent à ses dépens. Non seulement les insectes parfaits, mais les œufs, les larves et les chrysalides sont
visités par ces guêpes pupivores qui y déposent
l'œuf microscopique d'où sortira leur larve. C'est
dans ce but que ces espèces portent de longues
tarières, au moyen desquelles elles atteignent, jus-

que dans les retraites et les cavités où ils se cachent,
les insectes qui deviennent leurs victimes. La larve
des gallicoles, qui habite l'intérieur de ces excroissances maladives des plantes, des galles, les chenilles de divers papillons qui vivent dans l'intérieur
des tiges herbacées, dans l'aubier et l'écorce, les
coléoptères et leurs larves qui fouillent le bois ne
sont pas à l'abri des attaques des ichneumonides ;
elles introduisent leurs tarières à travers l'épaisse
paroi des galles, à travers l'écorce, l'aubier, le bois
et savent atteindre à coup sûr la larve pour déposer
un œuf dans son corps. Les plus petites espèces
habitent d'ordinaire les plus petits insectes. Il y
a plusieurs ichneumonides dont tout le développement, depuis l'œuf, la larve et la chrysalide jusqu'à
l'éclosion, se passe dans l'œuf microscopique d'un
papillon. La petite goutte de vitellus qui forme le
contenu d'un semblable œuf suffit à nourrir la larve
plus microscopique encore qui est sortie de son œuf
dans l'intérieur du premier. On ne peut pas dire cependant que la grosseur de la larve des ichneumonides parasites soit toujours en rapport avec la
grosseur de l'insecte dans lequel elle réside, puisque
souvent la quantité remplace la grosseur. Combien
d'amateurs de papillons n'ont-ils pas été trompés
dans leur espoir de voir un beau papillon naître
d'une chenille rare? La chenille bien portante en
apparence se change en chrysalide, puis, au bout
d'un peu de temps, sort de la chrysalide un essaim
de guêpes infiniment petites, qui peuvent bien in-

téresser le naturaliste, mais qui désespèrent l'amateur de papillons. Dans notre enfance nous étions d'ardents chasseurs de papillons et nous en faisions de continuels échanges ; on les estimait d'après leur rareté dans nos environs. Le *sphynx du tithymale* (Sphynx euphorbiæ) était très rare à Giessen, ma ville natale, tandis qu'à Darmstadt il était déjà plus commun, mais, néanmoins, encore d'un prix élevé. Un jour, pendant une tournée de vacances à cette fameuse capitale du duché de Hesse, que l'on a appelé aussi le sablier du saint empire romain, en arrivant au vaste champ d'exercice près de la ville où on inculque en même temps aux braves Hessois le maniement des armes et la phtisie pulmonaire, nous étions tout étonnés de trouver le sol sablonneux couvert de tithymales sur lesquels se nourrissait une grande quantité de chenilles du précieux sphynx. Nous en ramassâmes des centaines et les rapportâmes triomphalement à la maison, malgré la prédiction de nos petits camarades de Darmstadt : ils affirmaient énergiquement que les chenilles ramassées sur le champ de Mars étaient frappées de stérilité par la malédiction de la guerre, et ne produisaient que de petites mouches, mais jamais un papillon ; que, pour en avoir, il fallait recueillir des œufs et élever dans un endroit bien fermé les chenilles écloses de ces œufs. Malgré toutes ces prédictions nous nous réjouissions de voir nos chenilles manger comme des ogres et descendre en terre pour se métamorphoser en chrysalides. Jamais il ne parut un papillon. Les chrysalides examinées étaient vides, on n'y trouvait qu'une quantité de petits cocons dont sortaient de petites mouches. Ce phénomène, qui nous semblait alors une énigme, s'explique tout naturellement quand on sait que les plaines de sable autour de Darmstadt sont peuplées d'ichneumonides.

Les ichneumonides ne s'attaquent pas seulement aux insectes des autres ordres, elles s'en prennent à leurs propres congénères, et l'on a vu des exemples de larves d'ichneumonides parasites sur d'autres insectes servant elles-mêmes de demeure à une larve d'ichneumonide doublement parasite. Il y a une petite espèce (Aphidius) qui habite dans les pucerons, une autre (Bracon) dans les chenilles. Des espèces plus petites encore (Chrysolampas et Hemiteles) savent trouver dans l'intérieur des pucerons et des chenilles les larves parasites de leurs congénères, les percer de leurs tarières et déposer leurs œufs dans leur intérieur.

On croirait maintenant que l'insecte qui recèle un semblable parasite doit bientôt en mourir. Ce n'est pas toujours le cas. Comme je le disais dans une leçon précédente, l'état de larve est destiné à former une provision de matières qui sert aux développements ultérieurs. Cet amas de provisions, ce corps graisseux qui enveloppe les organes essentiels de la larve, sert à nourrir les larves parasites sans que cela mette un terme à la vie de la larve en attaquant ses organes. Dans le cas rapporté plus haut

la chenille continue à vivre et à manger ; mais la
matière dont elle a besoin pour ses métamorphoses
lui est constamment dévorée par la larve parasite
du Bracon, laquelle, à son tour, ne mange pas pour
elle-même, puisque dans son sein habite la larve
de l'Hemiteles, qui lui enlève la matière volée dont
elle aurait besoin pour ses métamorphoses ; véritable
emboîtement de voleurs dans d'autres voleurs sans
analogie dans la société humaine.

La plupart des ichneumonides sont pour nous des
animaux utiles à coup sûr, car ils détruisent les
chenilles nuisibles en y déposant leur progéniture.
La conviction de cette utilité était allée si loin chez
quelques forestiers que, dans beaucoup de forêts
dévastées par les chenilles, ils avaient établi des
appareils particuliers dans lesquels ils voulaient
élever des essaims d'ichneumonides, qui devaient
tomber sur les chenilles comme les fléaux de l'Apo-
calypse. On est aujourd'hui convaincu de l'ineffica-
cité complète de semblables essais, et on laisse les
ichneumonides continuer tranquillement leur vie
sans chercher à arrêter ou à développer leur reproduction.

Les *guêpes dorées* (Chrysidida) portent de longues
tarières avec un petit aiguillon venimeux à leur extrémité, qui se rentrent et s'allongent comme une
lunette. Elles peuvent se mettre en boule comme
un cloporte de telle façon que leur abdomen large et
brillant des plus beaux reflets métalliques cache le
dessous du corps. Elles ont encore une autre indus-

trie ; elles jouent, dit un observateur, dans la classe des insectes à peu près le même rôle que le coucou parmi les oiseaux. Incapable de construire un abri et une habitation pour leurs larves, elles s'emparent par la ruse des nids que des congénères plus industrieuses ont préparés. Ces parasites éhontés guettent le moment où une abeille solitaire quitte son nid, y introduisent leurs tarières et déposent, au milieu des provisions amassées par l'abeille, leur œuf à côté de celui de la propriétaire légitime.

Guêpe dorée, rouge feu (Chrysis ignita).

La larve de la guêpe dorée grandit beaucoup plus vite que celle de l'abeille et lui mange sa **nourriture,** si bien qu'elle la fait mourir de faim, ou bien elle se cramponne solidement sur son dos et la suce lentement avant de lui donner le coup de la mort. Mais ce crime ne reste pas toujours impuni, et malheur à la guêpe si l'abeille plus forte la prend sur le fait. Lepelletier de Saint-Fargeau, dont les observations ont ajouté beaucoup à nos connaissances sur les **mœurs des hyménoptères, rapporte un exemple** que je ne puis m'empêcher de citer. La *guêpe dorée royale* (Iledychrum regium) a soin de déposer ses œufs dans le nid de *l'abeille maçonne* (Osmia muraria). « J'ai observé, dit ce naturaliste, une femelle de cet hédychre, qui, après être entrée la tête la première dans une cellule presque achevée de cette osmie, en était ressortie et commençait à y introduire la partie postérieure de son corps en marchant en arrière, dans l'intention d'y déposer un œuf, lorsque l'abeille arriva portant une provision de pollen

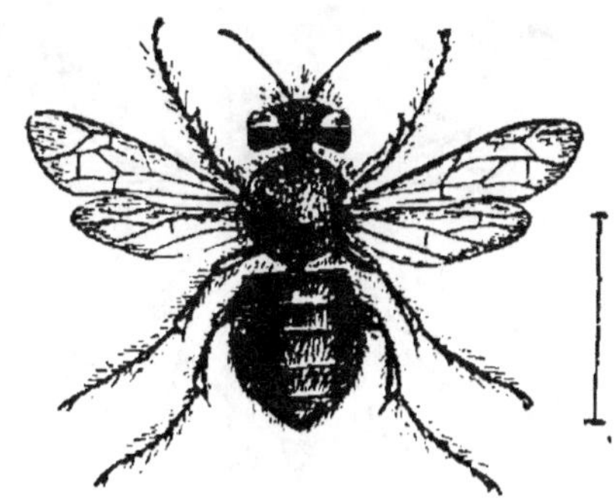

Abeille maçonne (Osmia muraria).

et de miel ; elle se jeta aussitôt sur l'hédychre, et il me parut en ce moment que ses ailes produisaient un bruissement qui n'est point ordinaire. Elle saisit son ennemie avec ses mandibules ; celle-ci, selon l'habitude des chrysides, se contracta aussitôt en boule, et si parfaitement que les ailes seules dépassaient. L'abeille, ne pouvant la blesser, ses mandibules n'ayant aucune prise sur un corps si lisse, lui coupa les quatre ailes au ras du corselet et la laissa tomber à terre. Elle visita ensuite sa cellule avec une sorte d'inquiétude, puis, après avoir déposé sa charge, elle retourna aux champs. Alors l'hédychre qui était resté quelque temps contracté, remonta le long du mur, directement au nid d'où il avait été précipité, et revint tranquillement pondre son œuf dans la cellule de l'abeille. Il place cet œuf, ajoute Lepelletier de Saint-Fargeau, au-dessous du niveau contre les parois de la cellule, ce qui empêche l'abeille de l'apercevoir. » (*Encyclopédie méth.*, X, 8.)

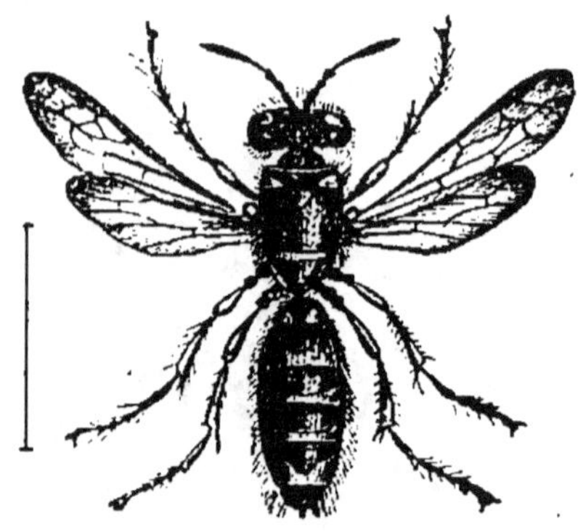

Guêpe fouisseuse (Cerceris arenaria) grossie.

On voit par cet exemple que, dans la nature, le bon droit n'est pas toujours récompensé, et que, malgré la bravoure et la prudence montrées par l'abeille, la guêpe dorée atteignit son but avec une extrême habileté. L'abeille avait certainement oublié la vieille et prudente maxime : « Les morts seuls ne reviennent pas ».

Parmi les hyménoptères armés d'aiguillons passent, avant tous les autres, les *guêpes fouisseuses* (Fossores) qui vivent solitairement. Chez elles les femelles et les mâles sont également ailés, et l'on ne rencontre pas de travailleuses neutres. La femelle fait son nid en terre, dans le bois, dans les murs, mais de préférence dans le sable ; aussi trouve-t-on fréquemment, dans les sables exposés au Midi, dans les dunes et sur les chemins, des guêpes aux belles couleurs, à la taille élancée, creusant avec une grande rapidité une longue galerie au fond de laquelle sont les cellules dans lesquelles les œufs doivent être déposés. Les larves sont apodes, vermiformes, faibles, avec une petite tête dure, à peine capable de terrasser une proie et cependant destinées à vivre d'insectes vivants. L'instinct de la mère est vraiment admirable, car il rend la chose possible. Chaque espèce de guêpe dorée poursuit une famille particulière d'insectes et approvisionne de leurs corps inanimés la cellule où elle a déposé son œuf. L'une apporte des chenilles, l'autre des coléoptères, une autre des araignées, et les grands crancrelats des colonies ont eux-mêmes pour ennemis une variété de puissantes guêpes fouisseuses qui les portent à leurs nids. Les espèces d'araignées les plus rares, qu'on a de la peine à rencontrer pendant des journées de recherches, se trouvent par douzaines dans les cellules de semblables guêpes fouisseuses, et pour le collectionneur de coléoptères un semblable nid est souvent une heureuse découverte, car les exemplaires qui y sont déposés sont toujours aussi frais que s'ils sortaient de la chrysalide.

Les victimes apportées par les guêpes fouisseuses sont dans un état singulier. Elles ne sont pas mortes et cependant ne vivent pas ; elles se trouvent dans un état complet d'inertie, à peine capables de remuer un membre et tout à fait incapables de l'employer à une action déterminée. Les animaux continuent à vivre des semaines dans cet état sans se pourrir ou se corrompre, de sorte que la larve a le temps de se rouler successivement auprès de ces cadavres vivants et de les dévorer tous complètement au point de n'en plus laisser que l'enveloppe vide. Si les animaux pouvaient se mouvoir, la larve, sans armes et sans pieds, serait incapable d'en triompher. S'ils étaient complètement morts, ils se corrompraient avant que la larve ait atteint sa croissance. Les conditions indispensables pour le développement de la larve sont donc procurées par cette léthargie où la victime est plongée.

Mais quel procédé la guêpe fouisseuse emploiet-elle pour garnir ainsi son nid de provisions et pour déterminer cet état que nous venons de décrire ? Écoutons sur ce sujet le même observateur que je vous ai déjà présenté, M. Fabre, d'Avignon. La guêpe fouisseuse qu'il a observée est une nouvelle espèce appelée de son nom Cerceris fabreiana, dont le gibier est un des plus gros charançons européens, le Cleonus ophtalmicus.

« On voit, dit M. Fabre, le ravisseur arriver pesamment chargé, porter sa victime entre les pattes, ventre à ventre, tête contre tête, et s'abattre lourdement à quelque distance de son trou pour achever le reste du trajet sans le secours des ailes, mais

en traînant péniblement sa proie avec les mandibules sur un plan vertical ou au moins très incliné,
cause de fréquentes culbutes qui font rouler pêle-
mêle l'hyménoptère et sa victime jusqu'au bas du
talus, mais incapables de décourager l'infatigable
mère qui, souillée de poussière, plonge enfin au fond
du terrier avec le butin dont elle ne s'est point des-
saisie un instant. Si la marche avec un tel fardeau
n'est pas aisée pour le Cerceris, surtout sur un
pareil terrain, il n'en est pas ainsi du vol dont la
puissance est admirable si l'on considère que la
robuste bestiole emporte une proie presque aussi
grosse et plus pesante qu'elle. J'ai eu la curiosité de
peser comparativement le Cerceris et son gibier :
j'ai trouvé, pour le premier, 150 milligrammes ; pour
le second, en moyenne, 255 milligrammes. Ces nom-
bres parlent assez éloquemment en faveur du vigoureux chasseur ; aussi ne pouvais-je me lasser d'ad-
mirer avec quelle prestesse, quelle aisance il repre-
nait son vol. Le gibier entre les pattes, il s'élevait à
une hauteur où je le perdais de vue lorsque, traqué
de trop près par ma curiosité indiscrète, il se déci-
dait à fuir pour sauver son précieux butin. Mais il
ne fuyait pas toujours, et je parvenais alors, mais
non sans difficulté, pour ne pas blesser le chasseur
en le harcelant, en le culbutant avec une paille, à
lui faire abandonner sa proie dont je m'emparais
aussitôt. Le Cerceris ainsi dépouillé cherchait un
instant çà et là, rentrait un moment dans sa ta-
nière, et en sortait bientôt après pour voler à de

nouvelles chasses. En moins de dix minutes, l'adroit
investigateur avait trouvé une nouvelle victime,
consommé le meurtre et accompli le rapt que je me
suis souvent peiné de faire tourner à mon profit.
Huit fois, aux dépens du même individu, j'ai commis
coup sur coup le même larcin ; huit fois, avec une
constance inébranlable, il a recommencé son expédition infructueuse. Sa patience a lassé la mienne et
sa neuvième capture lui est restée définitivement
acquise. »

« Comment s'y prennent les Cerceris, continue
M. Fabre, pour donner à leur gibier cette apparence
de mort ? Un Cerceris vient d'entrer dans la galerie
avec sa proie accoutumée ; avant qu'il ressorte pour
une autre expédition je place un charançon à quelques pouces du trou. Le charançon va et vient ;
quand il s'écarte trop je le ramène à son poste.
Enfin le Cerceris montre sa large face et sort du
trou : le cœur me bat d'émotion. L'hyménoptère ar-
pente quelques instants les abords de son domicile,
voit le charançon, le coudoie, se retourne, lui passe
à plusieurs reprises sur le dos, et s'envole sans
honorer sa proie d'un coup de mandibule. J'étais
confondu. Nouveaux essais à d'autres trous, nouvelles déceptions. Décidément, ces chasseurs délicats ne veulent pas du gibier que je leur offre. Peut-
être le trouvent-ils trop vieux, trop fané ; peut-être,
en le prenant entre les doigts, lui ai-je communiqué
quelques émanations odorantes qui les rebutent.
Serai-je plus heureux en obligeant le Cerceris à

faire usage de son dard pour sa propre défense? J'ai enfermé dans le même flacon un Cerceris et un charançon, que j'ai irrité par quelques secousses. L'hyménoptère, plus effrayé que l'autre prisonnier, songe à la fuite et non à l'attaque, les rôles même sont intervertis, et le charançon devenant l'agresseur saisit parfois entre ses mandibules une patte de son mortel ennemi qui ne cherche même pas à se défendre, tant la frayeur le domine.

« J'étaisà bout de ressources, et mon désir d'assister au dénoûment n'avait fait qu'augmenter par les difficultés déjà éprouvées. Voyons, cherchons encore. Il faut offrir mon gibier dédaigné au Cerceris au plus fort de l'ardeur de sa chasse ; peut-être qu'alors, emporté par la préoccupation qui l'absorbe, il ne s'apercevra pas de ses imperfections. J'ai déjà dit qu'en revenant de la chasse, le Cerceris s'abat au pied du talus, à quelque distance du trou où il achève de traîner péniblement sa proie. Il s'agit alors de lui enlever cette victime en la tiraillant doucement par une patte, avec des pinces, et de lui jeter aussitôt en échange un charançon vivant. Cette manœuvre m'a parfaitement réussi. Dès que le Cerceris a senti sa proie glisser sous son ventre et lui échapper, il frappe le sol de ses pattes avec impatience, se tourne deçà et delà et, apercevant le charançon qui a remplacé le sien, il se précipite sur lui et l'enlace de ses pattes pour l'emporter. Mais il s'aperçoit promptement que la proie est vivante, et alors le drame commence pour s'achever avec une rapidité inconcevable. L'hyménoptère se met face à face avec sa victime, lui saisit le cou entre ses puissantes mandibules, l'assujettit vigoureusement et, tandis que le Curculionide se cambre sur ses jambes, l'autre, avec les pattes antérieures, le presse avec effort sur le dos, comme pour faire bâiller quelque articulation ventrale. On voit alors l'abdomen du meurtrier glisser sous le ventre du charançon, se recourber et darder vivement à deux ou trois reprises son stylet venimeux à la jointure du prothorax, entre la première et la seconde paire de pattes. En un clin d'œil tout est fait ; sans le moindre mouvement convulsif, sans aucune de ces pandiculations des membres qui accompagnent l'agonie d'un animal, la victime, comme foudroyée, tombe pour toujours immobile. C'est terrible en même temps qu'admirable de rapidité. Puis le ravisseur retourne le cadavre sur le dos, se met ventre à ventre avec lui, jambes deçà, jambes delà, l'enlace et s'envole.

« L'aiguillon a sans doute atteint le gros ganglion thoracique. Pour compléter ma démonstration il me reste à établir qu'on peut, à volonté, en imitant les manœuvres des Cerceris, plonger dans une entière immobilité, soit en leur conservant la vie végétative, les insectes coléoptères dont l'appareil nerveux se prête à ce genre d'expérience. L'opération est on ne peut plus simple ; il s'agit, avec une pointe acérée d'acier, ou avec un tube de verre convenablement effilé, d'amener une goutelette de quelque liquide corrosif sur les centres médullaires thoraciques en piquant légèrement l'insecte à la jointure du prothorax en arrière de la première paire de pattes. Le liquide que j'emploie est l'ammoniaque ; mais il est évident que tout autre liquide ayant une action aussi énergique produirait les mêmes résultats. L'effet est instantané, tout mouvement cesse subitement, sans convulsions, dès que la fatale gouttelette a touché les centres médullaires. La piqûre des Cerceris ne produit pas un anéantissement plus prompt. Mais là ne s'arrête pas la ressemblance des effets produits par le dard de l'hyménoptère et par l'aiguille empoisonnée avec de l'ammoniaque. Les scarabées, les buprestes et les charançons piqués artificiellement, malgré leur immobilité complète, conservent pendant trois semaines, un mois et même deux, la parfaite flexibilité de toutes leurs articulations et la fraîcheur normale de leurs viscères. »

Outre les guêpes, les bourdons et les abeilles vivant en société, et dont nous aurons encore à reparler plus loin, il y a une grande quantité d'hyménoptères solitaires ; la plupart, portant un certain duvet, ressemblent souvent aux petits bourdons de terre (Bombus terrestris) et font des nids isolés dans lesquels ils déposent le miel et le pollen dont leurs larves se nourrissent. L'abeille maçonne (Osmia muraria), dont nous avons parlé plus haut, fait ses cellules avec un mortier qui acquiert une dureté extraordinaire et résiste souvent aux intempéries plus

longtemps que la pierre à laquelle les cellules sont
attachées. D'autres de ces abeilles solitaires rongent
le bois, comme notamment un très gros bour-
don bleu d'acier foncé qu'on trouve assez fréquemment aux environs de Genève. D'autres font leurs
ouvrages dans le sol, ou découpent élégamment des
feuilles pour y faire le nid de leurs larves. Je n'hé-
site pas à déclarer que tous ces insectes, aussi bien
que les abeilles vivant en société, sont des animaux
extrêmement utiles, dont l'utilité même est loin
d'être connue. Toutes ces espèces d'abeilles et **de**
bourdons sauvages, qui se nourrissent de miel et de
pollen, rôdent dans tous les calices, ouvrent les an-
thères (poches renfermant le pollen), et se couvrent
de cette poussière fécondante ; toutes ces abeilles
me semblent les agents les plus précieux pour la
fertilisation des plantes. Si je ne me trompe, c'est
sur la vanille qu'on a observé pour la première fois
qu'elle ne produisait aucun fruit dans nos serres,
parce qu'elle n'y trouvait pas l'insecte qui porte le
pollen fécondant sur le pistil. Morren, de Liège, il y
a trente ans, eut l'idée de remplacer l'insecte par
un pinceau, et, depuis ce temps, on obtient dans
nos serres d'Europe des gousses de vanille qui ne
sont pas moins aromatiques que celles du Mexique
et que l'on vend même plus cher. Il est hors de
doute que pour beaucoup de plantes de nos contrées,
bien que nous nous en doutions à peine jusqu'à présent, la visite des bourdons et des abeilles ainsi
que **d'une quantité d'autres insectes entre dans**

les calculs de la nature, et que ces plantes ne produisent des fruits et des graines que quand ces visites ont été rendues possibles. Le fameux auteur du livre sur l'origine des espèces qui, dans ces derniers temps, a excité à un si haut point l'attention, Darwin, rapporte à ce sujet, et à propos de l'enchaînement qui relie entre elles les diverses espèces, un exemple que je ne puis m'empêcher de vous citer : « Beaucoup de nos orchidées, dit-il, ont absolument besoin d'être visitées par des mouches qui portent leur pollen et les fécondent. J'ai de même bien des motifs pour croire que les bourdons sont nécessaires à la fécondation de la Pensée (Viola tricolor), puisqu'on ne voit jamais aucun autre insecte se poser sur cette fleur. Des expériences m'ont démontré que la visite des abeilles était nécessaire pour la fécondation de plusieurs espèces de trèfle. Cent tiges de trèfle blanc (Trifolium repens) m'ont ainsi donné 2,290 graines, pendant que vingt autres pieds de cette espèce, qui avaient été rendus inaccessibles aux abeilles, ne produisirent pas une seule graine. De même, cent tiges de trèfle rouge (Trifolium pratense) me donnèrent 2,700 graines, et je n'en récoltai pas une sur un égal nombre de pieds défendus contre les insectes. Les bourdons visitent seuls le trèfle rouge, les autres espèces d'abeilles ne pouvant pas atteindre le miel de ces fleurs. Je suis convaincu que la pensée et le trèfle rouge deviendraient très rares ou disparaîtraient même entièrement, en Angleterre, si l'on y détruisait les bourdons. Or, le nombre des bourdons de terre est généralement en raison inverse de celui des souris de la contrée qui pénètrent dans leurs nids et mangent leurs larves et leurs provisions. M. H. Newmann, qui a longtemps observé les mœurs des bourdons, croit que plus des deux tiers de leurs nids sont détruits en Angleterre par les souris des champs. Comme chacun sait, le nombre des souris est en raison inverse de celui des chats ; aussi Newmann dit avoir trouvé le plus grand nombre de nids de bourdons dans le voisinage des villages et des hameaux, ce qu'il attribue à la destruction plus complète des souris par les chats. Ceci porte à croire que la présence de nombreux animaux ayant les instincts du chat peut avoir, dans une contrée, de l'influence sur l'abondance de certaines plantes, par l'intermédiaire des souris et des abeilles. »

On pourrait pousser plus loin encore ces conclusions. L'énorme production de viande à laquelle les Anglais sont contraints pour l'entretien de leur industrie et de leur marine n'est rendue possible que par l'emploi d'une culture rationnelle et principalement par la production des plantes fourragères, parmi lesquelles le trèfle joue un rôle important. Sans trèfle, pas de bœuf ; sans bœuf, pas de roast-beef ; sans roast-beef, pas d'Angleterre. On voit donc que la vieille Angleterre doit à tout prix protéger le libre travail des bourdons et laisser carrière aux chats.

Je ne traiterai point ici des mouches à miel

(abeilles) vivant en société, élevées dans toute l'Europe civilisée au rang d'animaux domestiques. En revanche je me permettrai de vous dire encore quelques mots de ces hyménoptères sociaux que nous pouvons avec certitude ranger au nombre des nuisibles. Je veux parler des *guêpes*, des *frelons* (Vespa crabro) et des *fourmis*.

Ce ne sont pas les plus mauvais fruits que les guêpes entament ; elles sont à la campagne les hôtes les plus désagréables et nous causent maint ennui par leur voracité et leur redoutable aiguillon. Elles tombent avec ardeur non seulement sur les fruits mûrs, le sucre, le miel, mais aussi sur la viande et les insectes vivants ; elles prennent les abeilles au vol pour les ouvrir avec leurs puissantes mandibules et extraire le miel de leur estomac. Leur piqûre est très douloureuse, et je connais un cas où elle a amené la mort. Un jardinier avait ramassé à terre un beurré et y avait mordu sans façon. Dans cette portion était cachée une guêpe qui, au moment où il avalait le morceau, lui piqua la glotte. Elle enfla, en peu de temps, si bien que le malheureux mourut suffoqué.

Les mœurs de ces animaux sont intéressantes. Vers l'automne apparaissent de grosses femelles, trois fois plus fortes que les mâles avec lesquels elles s'accouplent en volant. Les mâles meurent bientôt, et les femelles fécondées se retirent dans quelque endroit chaud, à l'abri, pour passer l'hiver en léthargie. Au commencement du printemps, les femelles, que le froid n'a pas tuées, reparaissent et s'occupent avec ardeur de bâtir leur nid composé de fragments de bois, agglutinés au moyen de leur salive et formant une sorte de papier gris solide. Les cellules du nid sont semblables aux cellules des abeilles ; elles sont bien vite occupées par un œuf d'où sort une grosse larve sans pieds qui, la tête renversée, se fixe au fond de la cellule à l'aide de deux ventouses postérieures, et est nourrie par la mère. Bientôt des centaines de cellules sont construites et sont occupées par des œufs et des larves qui, toutes, reçoivent leur nourriture de cette infatigable mère, jusqu'à ce qu'elles s'enveloppent dans un fin cocon de soie. La mère semble alors malingre, épuisée, ternie et pelée ; elle est la véritable image d'un dévouement maternel sans bornes, qui s'immole pour sa progéniture. Arrive enfin l'éclosion des premières jeunes guêpes ; ce sont des travailleuses avec des organes sexuels atrophiés, beaucoup plus petites que la mère, mais aussi actives qu'elle aux soins de la maison. La mère s'abandonne au repos, elle ne quitte plus le nid, se fait nourrir par les travailleuses, ne fait plus que la police de l'intérieur et pond sans relâche des œufs dans les cellules que les travailleuses élèvent. Alors apparaissent peu à peu de petits mâles qui ne possèdent pas d'aiguillon et se font aussi nourrir par les travailleuses. Enfin vient, en automne, cette génération de grosses femelles qui nous est si désagréable au temps **des fruits et qui aide les travailleuses** jusqu'aux premiers froids. Vers la fin de l'automne les mâles meurent les premiers, ensuite les travailleuses, pendant que les larves qui ne sont pas encore transformées en chrysalides sont arrachées de leurs cellules et tuées. Les femelles fécondées se séparent pour se cacher et au printemps commencer un nouveau nid, comme nous l'avons raconté tout à l'heure. On trouve quelquefois, vers la fin de l'automne, de grands nids qui semblent faits de parchemin; ils ont plus d'un pied de diamètre, plusieurs milliers de cellules réparties en une douzaine d'étages, et sont l'ouvrage d'un seul été. Il est fort remarquable de voir chez les guêpes, si décriées, des centaines de femelles vivre et travailler pacifiquement en communauté dans le même nid, tandis que chez les douces abeilles la souveraineté cause ces terribles combats de reines, à la suite desquels une seule reste au pouvoir.

Un mot encore, pour finir, sur les *fourmis*. Nous avons à livrer des combats bien difficiles à leur industrieuse activité, car elles savent arriver à leurs fins avec une admirable intelligence. Ce n'est certes pas un conte que de supposer ces animaux capables de se faire entre eux des communications assez compliquées au moyen des signes que décrivent leurs antennes. Ce n'est pas une fable que de croire les pucerons leurs vaches à lait. Elles les soignent avec toute la sollicitude que l'agriculteur le plus sérieux peut donner à son étable. A toutes leurs propriétés destructives les fourmis ajoutent cela de bien qu'elles peuvent servir de guide vers la retraite des pucerons et des tigres des plantes. On peut être sûr qu'il y a des pucerons sur une plante quand des fourmis y montent et en descendent fréquemment, et, en les suivant, on sera conduit, à coup sûr, à la place où habitent ces ennemis de la végétation.

C'est aussi le seul service que puissent rendre ces intelligentes bêtes qui, pour tout le reste, sont capables de développer une puissance de destruction vraiment grandiose. Il est faux qu'elles emmagasinent des provisions pour l'hiver. La fable de la cigale et de la fourmi n'a pas le moindre fondement réel. Ce qu'elles portent dans leur nid sert ou à sa construction ou à la nourriture de leur nombreuse progéniture, des femelles et des mâles oisifs, souvent si nombreux, dans une fourmilière, que leur essaim, en sortant, obscurcit l'air. En hiver, les mâles sont morts, les femelles dans les nids et les petits élevés. Les fourmis tombent alors en léthargie pour en sortir quelquefois par les jours de chaleur, et aussitôt on les voit aller à la provision qui manque absolument dans la fourmilière. Presque toutes les matières animales et végétales leur servent de nourriture, de même que tous les liquides sucrés, suintant naturellement des plantes ou produits par la piqûre des pucerons, des tigres, cochenilles et autres insectes, les gommes, les matières amylacées, les fruits de toutes sortes, les matières animales, **les corps des insectes en putréfaction, des** vers, des limaçons, et même de plus gros animaux, sitôt qu'ils n'ont plus leur peau. En revanche, elles n'entament jamais de germes ou de bourgeons, rarement même des fruits ; elles utilisent seulement les blessures faites par la dent des autres animaux pour y creuser plus avant. Il n'y a pas de difficulté, de peine, d'éloignement qui les arrête. Dans la cave d'une pharmacie connue de Berne, il y avait depuis des années, à la même place, un énorme vase de sirop qu'on remplissait toujours. Depuis des années les fourmis y allaient comme chez elles ; un jour nous fûmes curieux de suivre leur chemin. Il nous conduisit par le soupirail dans la rue, la principale rue de Berne, où il y a beaucoup de circulation ; de là, à travers le ruisseau, à la grande promenade de la terrasse de l'église, puis, à travers les allées et le gazon, jusqu'au parapet, et enfin au bas des murs de la terrasse, qui a environ 150 pieds de haut ; là, dans la muraille, se trouvait la fourmilière. Le chemin, avec ses détours, mesurait plus de 600 mètres, traversait une promenade très fréquentée, plusieurs grandes rues en long et en large, un ruisseau, pour arriver enfin à un pot de sirop. N'est-ce pas, pour le petit peuple des fourmis, un travail qui dépasse de beaucoup le fameux chemin de fer du Sommering ?

Mais la particularité la plus intéressante des mœurs des fourmis, c'est l'existence irrécusable de l'esclavage, d'un esclavage obligatoire d'abord, puis plus tard volontaire, à ce qu'il semble, sur lequel est fondée l'économie de quelques espèces. Dans le vignoble de mon jardin, à Genève, existait une fourmilière de l'espèce nommée, par Huber, amazones. Je les observai pendant les mois chauds de juin et de juillet. Le soir, entre trois et quatre heures, on voyait de petites fourmis grisâtres sortir par les trous de la fourmilière établie en terre. Puis venaient quelques fourmis plus grosses, d'un rouge jaunâtre, qui se laissaient caresser et flatter par les grisâtres, allaient çà et là, rentraient et sortaient. Ces dernières augmentaient bientôt et un puissant essaim se précipitait des trous avec une hâte sauvage dans une direction donnée, généralement vers les couches et les châssis du jardin ; à droite et à gauche du corps d'armée galopaient quelques fourmis en guise de patrouilles et de flanqueurs. Les rougeâtres couraient alors avec un empressement tumultueux vers les murs où se trouvaient les nids des petites fourmis grisâtres, et se précipitaient comme un torrent dans tous les trous, toutes les fissures du mur. Çà et là paraissaient de petites fourmis grisâtres, toutes pareilles à celles que j'avais vues près du nid des amazones, fuyant avec terreur, quelquefois portant dans leurs mandibules une chrysalide (autrement dit un œuf de fourmi). Si une fourmi rouge survenait, la grise laissait tomber la chrysalide et se sauvait. Jamais je n'ai vu un combat sérieux. Quelque temps après, les rougeâtres ressortaient des trous et des fentes, portant presque **toutes une chrysalide dans leurs mandibules. Celles**

qui n'avaient rien attrapé se hâtaient devant en
éclaireurs. Celles qui étaient pesamment chargées
se traînaient par derrière. Près de la fourmilière
se tenaient des myriades d'esclaves grisâtres qui
venaient alors au-devant des rouges, leur prenaient
les œufs pour s'en charger, ou portaient leurs maî-
tresses mêmes pour les rentrer à la maison. J'ai
souvent vu une des esclaves grisâtres saisir une
fourmi rouge de moitié plus grosse; la maîtresse
s'enroulait autour de son cou en tenant la chrysalide dans ses mandibules et se faisait porter dans
l'intérieur de la fourmilière. De cette façon la petite
ouvrière avait certainement porté le triple de son
poids.

De ces chrysalides volées naissent des travailleuses
grisâtres qui éclosent dans la fourmilière des
amazones, y font tous les travaux, portent leurs maî-
tresses avec un attachement remarquable, les nourrissent, les caressent, les nettoient. Il ne reste plus
aux amazones d'autres travaux que la guerre, car la
nature leur a défendu l'amour.

Je me suis bien souvent étonné que cet esclavage
établi par la nature chez quelques fourmis ne se
retrouve pas parmi les arguments que les esclava-
gistes des États-Unis sont dans l'habitude de présenter pour leur défense. En leur qualité de pieux
chrétiens et de bons croyants, ils ont épuisé la
Bible jusqu'à la dernière goutte pour présenter l'esclavage comme une institution divine, approuvée
par le Sauveur, prêchée par les apôtres. Ils ont fait

venir d'Europe des naturalistes spéciaux assez dé-
nués de probité pour chercher à établir, sur des raisons et des distinctions zoologiques, le droit de la
race humaine la plus élevée, de la race caucasique,
à tenir en esclavage la race la plus basse, les nègres.
Pourquoi ne pas appeler la nature en tiers dans
cette alliance, quand la religion et la science viennent déjà à leur aide ? Les fourmis donneraient, avec
la fidélité d'un miroir, l'image la plus exacte de tout
cela. Une race blond-roux qui ne fait que jouir fait
la guerre par hasard, comme par passe-temps, et se
livre à la rapine, et une race gris-noir, plus faible,
esclave, qui travaille pour ses maîtres, les nourrit,
les transporte, soigne et élève leur postérité, comme
si c'étaient ses semblables. Imiter le Créateur ! Que
voulez-vous de plus ?

HUITIÈME LEÇON

Les Papillons. — Combien ils sont nuisibles. — Voracité des
Chenilles. — Structure de leurs pieds.— Elles sont les en-
nemis de nos jardins.— Les Sphinx (Crépusculaires) et les
Bombyx. — Les Arpenteuses et leur destruction. — Les
Teignes blanches et noires, jaunes et noires. — La Teigne
du blé.

Messieurs !

Il n'y a pas dans la nature de figures plus poétiques que les papillons, ces bateleurs de l'air aux
brillantes couleurs ; d'une aile légère ils voltigent
de fleur en fleur, de calice en calice, hument le miel
çà et là ou, folâtrant l'un avec l'autre, se balancent
au-dessus du sol comme s'ils étaient libres de tout
souci. Dans notre jeunesse nous nourrissions un
véritable enthousiasme pour ces charmants habitants de l'air ; nous les poursuivions avec des filets ;
dans l'intérêt de notre santé nous avons fui bien
souvent les ennuyeuses heures d'étude et, au lieu
de conjuguer sur les bancs le barbare « tupto, tup-
teis », nous chassions, à travers les forêts et les bois,
les prés et les haies, les iris, les belles-dames et les
vulcains. Quelles peines nous nous donnions pour

élever des chrysalides et des chenilles, quelles guerres terribles nous avions pour nos chers élèves avec nos mères et les servantes ! Dans leur esprit, les boîtes à chenilles et les cages à chrysalides mettaient le désordre au logis.

Cette passion est si vive que j'ai vu des hommes graves s'arracher à leurs méditations habituelles en voyant pour la première fois le beau papillon des montagnes, l'Apollon, voltiger sur des coteaux abrupts. Ils oubliaient pour un instant le regret de la patrie, le malheur de l'exil pour courir, le chapeau à la main, après la charmante créature.

Dans le fait, les papillons sont sans contredit les plus beaux insectes, mais aussi ceux dont la beauté est la plus délicate. Les ailes, généralement très grandes, sont recouvertes de petites écailles aux mille formes originales et diverses, qui s'enlèvent comme une poussière colorée. Par suite de la conformation particulière de leurs nervures, la lumière se reflète souvent d'une façon si particulière sur ces écailles que chez le *grand Mars* (Papilio iris), par exemple, les couleurs paraissent complètement différentes, brunes ou bleues, suivant qu'on considère les ailes d'en haut ou de côté. Outre les ailes recouvertes d'une fine poussière et rarement atrophiées ou absentes chez quelques femelles, les papillons possèdent encore, comme caractère distinctif, une trompe élastique, généralement roulée en spirale, qui se compose de deux demi-rigoles assemblées du côté de la partie concave de manière à former un tube. C'est par là que ces insectes peuvent pomper le suc mielleux des fleurs. Cette trompe provient de la transformation des mandibules qui se présentent chez toutes les chenilles dans la forme ordinaire. Les antennes sont disposées de façons très diverses. Chez les papillons de jour, elles sont généralement claviformes (en forme de massue). A leur extrémité se trouve un petit bouton ; chez les papillons de nuit, elles ont fréquemment l'apparence de plumes ou de bouquets de plumes. Les pattes du papillon sont généralement longues et souvent armées d'éperons et de piquants. Le corps des femelles est beaucoup plus épais que celui des mâles, qui sont plus petits et montrent des différences notables dans la dimension, la forme et la couleur des ailes.

Tout le monde sait que les papillons sont des insectes dont les métamorphoses sont complètes. Ils viennent d'œufs, de chenilles et de chrysalides, et l'état de chenille est le seul sous lequel ces bêtes causent des dégâts par leur voracité ; car, à l'exception des vers à soie dont le fil est si précieux pour nos vêtements, toutes les larves de papillon, sans exception, sont au plus haut degré des animaux nuisibles que nous sommes obligés de poursuivre pour notre propre conservation. Dans le cours de ces leçons nous avons déjà appris à connaître plusieurs de ces dévastateurs qui font cruellement la guerre à l'espèce humaine ; aucun autre ordre d'insectes ne peut produire des ravages aussi terribles

que ceux de maintes chenilles dans les bois, les
champs, les jardins et les prés. Si le papillon nous
représente le symbole de l'âme pure qui, sous la
forme de Psyché (ψυχή), s'élève vers les plus hautes
sphères, il faut avouer que les impuretés dont Psyché doit se débarrasser avant d'arriver à la transfi-
guration ne sont pas de peu d'importance ; elles
appartiennent principalement à ces passions incapables de conduire à ce qui est grand, car les chenilles sont esclaves d'une passion à peu près unique :
une voracité vraiment incroyable. Mais le papillon
ne vit que d'amour, quoiqu'il ne le comprenne pas
de la façon platonique la plus élevée que l'âme
puisse concevoir.

Les œufs, qui montrent souvent des formes toutes
particulières et sont généralement enveloppés d'une
épaisse coque, sont pondus par la femelle tantôt un
à un, tantôt en paquet ou en amas tout à fait carac-
téristiques sur les plantes qui doivent servir aux
chenilles après leur éclosion. Dans beaucoup d'espèces, les œufs passent l'hiver ; les chenilles naissent aux premières chaleurs du printemps et peuvent
tomber de suite sur les jeunes et tendres pousses
qui forment leur premier aliment. Dans d'autres cas
exceptionnels, les chenilles passent les froids de
l'hiver dans le gazon, en terre, enveloppées dans un
tissu qu'elles se filent elles-mêmes ; d'ordinaire c'est
à l'état de chrysalide que les nouvelles générations
passent la période du froid.

Les petites chenilles qui sortent des œufs mangent d'abord la coque d'où elles sont sorties, et commencent ensuite leurs ravages sur les plantes. Celles qui naissent d'œufs en pelote restent en conpagnie au moins pendant les premiers temps de leur existence, souvent même pendant toute sa durée, sous la forme de chenille, et souvent cette sociabilité va si loin que les mouvements d'ensemble, les marches, les migrations sont exécutés en commun, au commandement, pour ainsi dire. Les chenilles processionnaires, qui causent de si terribles ravages dans beaucoup de forêts, offrent un frappant exemple de cette sociabilité. Il n'y a pas de soldats qui puissent plus régulièrement marcher et exécuter des évolutions, épaule contre épaule, que ces armées de chenilles. Elles ne se mettent en mouvement que lorsque les derniers rangs touchent de la tête l'extrémité postérieure des premiers rangs.

Avec la voracité peu commune que montrent toutes les chenilles, il ne faut pas s'étonner de les voir grandir extraordinairement vite et, à cause de cela même, changer plusieurs fois de peau pendant leur vie. Cet événement n'est pas sans danger pour leur existence. D'ordinaire la chenille est, par son alimentation même, bornée à une espèce de plante et meurt plutôt que de manger d'aucune autre. Mais les espèces les plus destructives dévorent presque toutes les plantes ou ont au moins un choix assez étendu pour attaquer avec une égale voracité celles de la même famille. Les excréments qu'elles rendent en grande quantité affectent ordinairement un aspect et des dépressions particulières qui résultent de la conformation de la dernière portion de l'intestin ; ils servent souvent de signe de reconnaissance au chercheur et peuvent indiquer l'endroit où la chenille s'est cachée.

La structure des chenilles, et principalement celle de leurs pieds, est d'une importance capitale. Toutes ont, à la partie antérieure du corps, de véritables pieds cornés, formés de plusieurs articulations ; elles possèdent, en outre, ce qu'on appelle de faux pieds ou pieds abdominaux dont le nombre varie suivant le groupe. Elles ont, au maximum, comme chez la plupart des papillons diurnes, des sphinx et des vers à soie, cinq paires de semblables pieds : la dernière est placée d'ordinaire à l'extrémité du corps, les autres sont situées plus vers le milieu de l'abdomen. Chez les *chenilles arpenteuses* (Geometra) leur nombre se réduit quelquefois à deux paires, qui sont alors à l'extrémité postérieure du corps, de sorte qu'à chaque pas la chenille fait le dos de chat et ramène l'extrémité du corps pour la fixer de nouveau à proximité de la tête. Pendant qu'on distingue les groupes à ces signes généraux, la grandeur, la coloration et principalement la quantité de poils que possèdent beaucoup de chenilles servent à reconnaître les espèces. Beaucoup de chenilles sont complètement glabres, d'autres sont couvertes de longs poils qui, au microscope, ont l'air de lances ou d'épines armées de crochets. Ces poils se brisent aisément et peuvent causer des accidents très désagréables. On ne prend pas impunément une chenille processionnaire. La peau rougit et s'enflamme, et dans les bois qui sont pleins de cette chenille on a constaté que la simple aspiration des fragments de poils empoisonnés que l'air entraîne avec lui détermine dans le canal respiratoire des inflammations dangereuses et douloureuses. Dernièrement, encore, j'ai vu les mains, la figure, le cou et la nuque d'un de mes garçons couverts de boutons simulant une maladie éruptive, pour avoir déchiré des nids vides de chenilles processionnaires.

Après leur dernier changement de peau, et il peut y en avoir jusqu'à sept, la chenille se prépare à la léthargie de la chrysalide. Les unes, notamment celles des papillons de jour, ne filent pas de cocon, mais se suspendent en liberté par la queue ou entourent leur poitrine de fils transverses, de façon à être dans une position horizontale. D'autres, principalement les noctuelles et les sphinx, pénètrent en terre à une certaine profondeur et s'y métamorphosent en une chrysalide qui n'est généralement protégée que par une cavité lisse. A l'aide d'une liqueur visqueuse et épaisse sécrétée par les glandes fileuses qui s'étendent souvent tout le long du corps jusqu'près de la bouche, la plupart des papillons de nuit se filent un tissu plus ou moins artistique en forme de cocon. A l'intérieur est la chrysalide. On peut déjà reconnaître presque toutes les parties du corps jusqu'à la trompe. On sait que le tissu des vers à soie est plus facile à utiliser que tout autre, parce que le fil si solide dont il est formé est disposé en spirale avec une régularité extrême, ce qui permet de le dévider aisément.

Au-dedans de la chrysalide, pendant la période de léthargie, tous les organes qui distinguent le papillon de la chenille se développent aux dépens de la masse considérable de substances accumulées pour servir de matériaux. C'est en ce moment que se forment notamment les organes sexuels, de sorte que le papillon, quand il brise l'enveloppe de la chrysalide, apparaît complètement préparé à la reproduction. Aussi l'accouplement est-il d'ordinaire immédiat, et nous voyons les mâles rechercher avec beaucoup d'ardeur les femelles en déployant, pour les trouver, une finesse de sens remarquable. Tous les collectionneurs de papillons savent que, surtout pour certaines espèces nocturnes, même quand elles sont assez rares dans une contrée, il suffit d'exposer dehors, fixée avec une épingle, une femelle sortant de la chrysalide pour voir, après peu d'heures, quelques mâles réunis dans le voisinage.

D'ordinaire les papillons n'ont qu'une génération par an. Le papillon paraît au printemps ou pendant l'été. Les chenilles sorties des œufs mangent pendant l'été, se transforment en chrysalides à l'automne, et au printemps apparaissent de nouveau sous la forme de papillons. Souvent aussi, quand le papillon a paru à la fin de l'été, la chenille passe l'hiver, mange encore au printemps et ne reste chrysalide que pendant fort peu de temps au commencement de l'été. Cependant on trouve souvent aussi, surtout chez les petites espèces, deux générations dans l'année, car le papillon paraît au printemps et à l'automne.

Les *papillons de jour* (Papilio) ont des ailes grandes et larges, généralement ornées de vives couleurs, placées au repos verticalement au-dessus du corps, des antennes en massue terminées par un bouton, une longue trompe et souvent la première paire de pieds atrophiée. Parmi eux nous avons un petit nombre d'ennemis, qui font du mal surtout dans les jardins. Ce sont avant tout les papillons blancs (les *Piérides*) dont les ailes recouvertes d'une sorte de farine n'offrent d'ordinaire que quelques raies ou taches noires. Ils causent de terribles ravages sur les plantes utiles. Les *Piérides de l'alisier* (Papilio cratægi) qui dévorent les poiriers, les pommiers et les pruniers, ceux du *chou* (P. brassicæ) qui attaquent les choux ordinaires, les choux frisés, l'œillette, les choux-raves et les navets, de la *rave* (P. rapæ) qui font de plus une guerre terrible à l'odorant réséda, comme aussi ceux du *navet* (P. napi) qui s'attachent notamment aux colzas, appartiennent à ce groupe auquel les paysans ont donné le nom assez élégant de marins des prés. Les œufs de tous ces papillons ont la forme d'une petite bouteille à col court ; leur couleur est généralement jaunâtre ; ils sont placés en amas de plusieurs centaines à la surface inférieure des feuilles sur les plantes qui les nourrissent, et on peut aisément les découvrir. Les Piérides de l'alisier volent surtout en juillet. Les chenilles qui naissent quinze jours après la ponte se tiennent ensemble et forment, en entourant les feuilles de leurs fils, un seul nid qu'elles agrandissent, et où elles se retirent par le mauvais temps ou par les grandes ardeurs du soleil. Au commencement, quand les chenilles sont encore très petites, elles ne mangent que la partie verte des feuilles, en laissant subsister les nervures. A ce moment ces petites bêtes jaunâtres, à tête et à collier noir, qui sont alignées les unes contre les autres sur une feuille et avancent simultanément en mangeant, ressemblent assez à un microscopique troupeau de moutons. En automne, quand elles cessent de manger, le nid est notablement renforcé, et souvent il est rendu si solide, par une espèce de lien passé autour des ramilles, que ces ramilles meurent par suite de la trop forte compression de l'écorce. Chaque chenille a filé à l'intérieur une cellule séparée et elles entrent là dans une demi-léthargie pour dévorer, dès les premiers jours du printemps, les boutons à fleurs et les feuilles nouvelles. A la fin d'avril et souvent même, suivant l'année, à la fin de mai, les chenilles sont à leur grandeur et émigrent de tous côtés, notamment celles du chou, pour chercher une place convenable à leurs métamorphoses. C'est à ce moment qu'elles sont le plus **désagréables dans les campagnes et les kiosques.**

Elles entrent partout, visitent en tous lieux les coins et les recoins pour s'y suspendre et y prendre la forme d'une chrysalide cornue tachetée de jaune et de noir. C'est à ce moment qu'on peut voir combien les mouches ichneumons font de ravages parmi ces chenilles. Dans bien des années, sur des centaines, il s'en trouve à peine une qui arrive réellement à l'état de chrysalide. Les autres ont l'air de poules sur leurs œufs, car la chenille évidée se dessèche sur les innombrables petites chrysalides jaunes d'une espèce d'ichneumons (Microgaster) qui se percent un chemin hors de son corps après avoir dévoré les entrailles.

L'agriculture a peu à faire avec les *Sphinx*, papillons généralement grands, au corps épais, aux ailes pointues qui, sans se poser, sucent les fleurs en bourdonnant au-dessus d'elles. Cependant leurs chenilles sont très grosses, très voraces, comme, par exemple, celles des *têtes de mort* (Sphinx atropos) ; elles atteignent d'ordinaire, sur les pommes de terre, la longueur d'un demi-pied et la grosseur d'un doigt ; mais elles ne se présentent jamais en masse et ne peuvent réellement pas causer de dégâts. Ici aussi, comme dans toute la nature, prévaut cette loi que ce n'est pas la grandeur de l'individu, mais au contraire le grand nombre de petits êtres qui remplit le rôle le plus important dans les évolutions de la nature. Ce sont les animaux et les plantes microscopiques qui, par leur multitude, ont formé des **couches et des montagnes ; de même nous voyons,** dans le sujet qui nous occupe, les petites espèces se présenter comme dévastatrices et les grandes ne jouer qu'un rôle secondaire.

Si nous pouvons laisser de côté les sphinx, il n'est pas possible de montrer la même indifférence pour les *Bombyx*. Parmi eux il y a des espèces que cette chère police elle-même s'est donné la peine de pourchasser, et il faut noter ce cas extraordinaire, car d'habitude elle a l'impardonnable maladresse de tout faire à l'envers. Les bombyx se distinguent par un corps ramassé presque toujours très velu ; leurs ailes au repos sont réunies en forme de toit, leur trompe est très courte, et les mâles ont des antennes munies d'un double peigne ; chez eux aussi il faut se défier de la blancheur de l'innocence dont s'enveloppent les plus dangereuses. Les bombyx ne volent que la nuit d'un vol incertain et sautillant de branche en branche ; les paysans de Berne leur donnent le nom très caractéristique de spectres de nuit. Jeune homme, si tu veux cultiver le jardin de tes pères, garde-toi de ces spectres qui, dans leurs blanches enveloppes, voltigent le soir et la nuit et veulent déposer la masse spongieuse de leurs œufs sur tes arbres fruitiers !

Le *Cul-brun* (Bombyx chrysorrhœa) et le *Cul-d'or* (Bombyx ariflua) jouent assez bien parmi les papillons le rôle du pélican, car ils s'arrachent les poils colorés qui forment un paquet à l'extrémité du corps pour en couvrir leurs œufs ; mais malgré ce trait touchant d'amour maternel ils ne méritent aucune pitié. Les œufs couverts d'un duvet épais de poils bruns-jaunâtres, et qui sont placés, sur le dessous des feuilles, ressemblent, en réalité, à de petits morceaux d'éponge ; les trous mêmes n'y manquent pas sitôt les chenilles écloses.

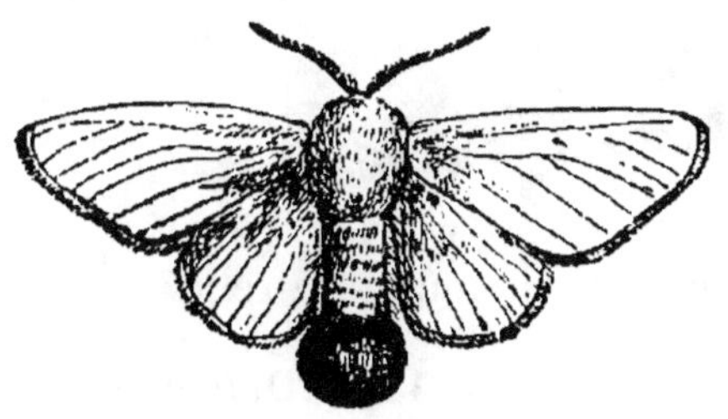

Bombyx cul-d'or, femelle.

Toutes ces chenilles rongent d'abord le vert de la feuille, puis plus tard, devenues plus fortes, elles dévorent la feuille tout entière. La progéniture de ces deux espèces passe l'hiver à l'état de chenille, celles du cul - brun dans de gros nids à tissus épais qui sont attachés aux ramilles, celles du cul-d'or dans des cocons isolés qui sont placés dans des cachettes. Au printemps, à la pousse des feuilles, elles font encore de forts repas, puis la chenille devient chrysalide.

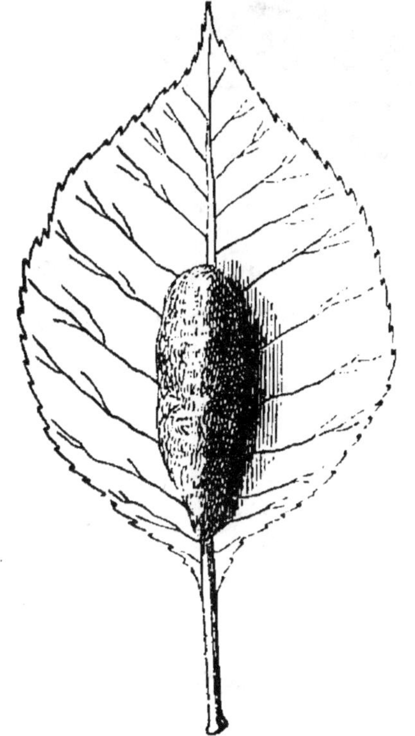

Masse spongieuse des œufs du cul-brun (Bombyx chrysorrhœa).

La chenille de la *Livrée* (Bombyx neustria) n'est pas moins redoutable que les précédentes. C'est un bombyx rouge-jaunâtre avec des bandes brunes sur les ailes ; il se distingue par la façon particulière

Chenille du cul-d'or. Grandeur naturelle.

dont il dépose ses œufs. Leur amas forme un véritable bracelet autour d'une petite branche. Les œufs

Livrée femelle (Bombyx neustria).

très distincts sont coulés dans une masse visqueuse qui devient peu à peu si ferme qu'elle se détache en

Œufs de la livrée.

conservant sa forme quand on fend un côté de l'anneau. Les petits œufs sont artistement rangés les

Chenille de la livrée,
ayant atteint le terme de sa croissance.

uns à côté des autres dans cette masse visqueuse, mais pas assez garantis cependant pour résister à toutes les attaques des ichneumonides. C'est dans cet état que les œufs affrontent toutes les intempéries de l'hiver pour éclore au printemps et tomber sur les premiers bourgeons.

Les *Noctuelles*, dont la petite tête est enfoncée dans les épaules et dont la chrysalide est généralement sans enveloppe ou entourée seulement d'un léger tissu, se développent en terre et ajoutent ainsi leur contingent aux armées de nos ennemis. Parmi elles se trouvent, notamment : la *noctuelle du chou* (Noctua brassicæ) dont la chenille est connue sous le nom de ver de cœur, parce qu'elle perce le cœur du chou qu'elle rend immangeable par l'amas de ses excréments infects ; la *noctuelle des laitues* (N. oleracea) qui détruit les salades et les choux dans nos jardins ; la *noctuelle des prés* (N. lolii) qu'on voit surtout dans les prairies artificielles et le ray-grass ; la *moissonneuse* (N. segetum) qui apparaît en automne, ravage les jeunes céréales et, en se cachant en terre dans le voisinage des racines, sait échapper aux recherches ; la *noctuelle du foin* (N. graminis) qui, notamment dans le Nord, dévore par place les prairies à ce point qu'il ne reste plus un brin d'herbe, et enfin la *noctuelle des petits pois* (N. gamma) dont la chenille ressemble à une chenille arpenteuse et dévaste les légumes et les champs de chanvre. Je me hâte de passer sur tous ces papillons, peu intéressants par leurs mœurs, pour arriver aux *arpenteuses* dont quelques-uns offrent des habitudes toutes particulières.

Les espèces que j'ai en vue sont la grande et la petite *arpenteuse hiémale* (Geometra defoliaria et brumata) dont la dernière surtout apparaît quelquefois en quantités innombrables et en bien des années détruit complètement la récolte des fruits. Les pa-

1. Chenille.   2. Femelle sans ailes.

pillons paraissent tard, en automne et en hiver, de la fin d'octobre jusqu'en décembre. Pendant ce temps, les mâles, avec leurs grandes ailes minces, volent de tous côtés dans les jardins fruitiers. Par bonheur

3. Mâle
de l'arpenteuse hiémale (Geometra defoliaria).

les femelles sont complètement privées de la faculté de voler ; la femelle de la grande espèce, que l'on appelle aussi la faiseuse de cuillères, parce que les boutons rongés par la chenille prennent cette forme, n'a pas d'ailes ; celle de la petite espèce n'en a que de courts rudiments. Par contre les femelles ont de longues jambes armées de pointes, au moyen desquelles elles peuvent grimper après les surfaces perpendiculaires et unies et dont elles se servent pour monter sur les troncs des arbres et déposer leurs œufs isolés sur les petites branches. Il est fort difficile de découvrir ces petits œufs, quoiqu'ils se trouvent sur tous les arbres fruitiers ou d'agrément et en quantités énormes dans certaines années. Ils supportent le froid le plus dur, éclosent aux premiers jours du printemps et rongent aussitôt l'intérieur des bourgeons. Ils préfèrent les boutons à fleurs, où ils peuvent enlacer fleurs et feuilles pour se former une retraite et un abri. Des plantations entières d'arbres fruitiers sont parfois ravagées si complètement par ces chenilles que pas une fleur ne parvient à se développer et que les arbres ont l'air d'avoir été brûlés.

Par bonheur, en privant d'ailes la femelle, la nature même nous fournit le moyen de mettre une borne à ses ravages. On gratte sur le tronc, à une certaine hauteur, une bande annulaire sur laquelle on fixe un emplâtre goudronné qu'on prépare avec du papier imbibé de goudron et qu'on attache fortement avec une corde. On a soin auparavant de remplir avec de l'argile, de la chaux ou du plâtre tous les vides qui peuvent exister entre le tronc et l'emplâtre, afin que le petit animal ne puisse pas se glisser entre le tronc et le papier goudronné. Puis on barbouille cet emplâtre, qui doit avoir au moins la largeur de la main, avec du goudron épais, et on recommence dès que la surface devient sèche. On pose cet emplâtre en octobre et on l'entretient jusqu'en janvier par de fréquents enduits, de manière à ce que la surface soit toujours gluante [1].

On verra avec étonnement quelle quantité de petites bêtes d'espèces diverses sesont prises sur cet emplâtre goudronné en cherchant un refuge dans les fentes du bois. Dans les années favorables au développement des arpenteuses, une nuit souvent suffit pour couvrir le goudron de femelles de ce papillon, en tel nombre qu'on peut craindre que quelques-unes passant sur le corps des autres n'aient pu arriver jusqu'aux branches.

Je me rappelle très bien que dans mon pays, à Giessen, vers la fin de 1830, les propriétaires de jardins reçurent quelques indications sur les ravages des arpenteuses, et que mon père se donna une peine infinie pour propager, par des leçons populaires, l'histoire de ces animaux. Cela ne fut d'abord d'aucune utilité ! On riait avec incrédulité des assertions de mon père, affirmant que la femelle d'un papillon était sans ailes et pouvait être prise avec un anneau de goudron, pendant que le mâle volait très bien.

____

[1] *Note du traducteur.* Dans quelques pays, notamment en Afrique, on défend les arbres fruitiers contre la vermine grimpante en entourant le tronc, avant la naissance des premières branches, avec une sorte de cuvette en zinc ; on la rend étanche avec du mastic et on la tient pleine d'eau. Les bêtes qui grimpent le long du tronc sont arrêtées par cet obstacle ou se **noient dans l'eau.**

Nous avions un grand jardin fruitier avec plus de cent arbres à haute tige ; il avait été pris sur les anciens remparts et était placé au milieu d'autres jardins semblables. Pendant plusieurs années mon père, sans se lasser, enduisait, à coups de pinceaux, avec l'eau de chaux, tous nos arbres jusqu'aux dernières branches et, pendant l'automne, employait son anneau de goudron. L'enduit de chaux souvent répété développa sur les arbres une nouvelle écorce lisse qui n'offrait plus de refuge à la vermine ; sur les anneaux de goudron se prenaient des milliers d'arpenteuses, à tel point que, l'après-midi, toute la famille était occupée à renouveler l'enduit. Les promeneurs qui passaient le long du rempart se permettaient maintes moqueries piquantes, maintes exclamations railleuses sur les arbres fantômes de mon père, et les jeunes goudronneurs n'étaient pas épargnés. Mais quand, au printemps suivant, notre jardin resplendissait dans sa luxuriante floraison, pendant que les jardins voisins semblaient grillés par le souffle empesté du désert ; lorsque nous récoltions en été des cerises, en automne des prunes, des pommes et des poires, tandis que les voisins pouvaient se lécher les doigts, on ne trouvait plus si laids les arbres blanchis, ni l'anneau de goudron si mauvais, et il ne fut pas besoin de l'expérience d'une seconde année pour voir ces précautions généralement prises.

Ces papillons sont loin de terminer la série de nos ennemis. Il y a une multitude de petits *papil-*

lons microlépidoptères, qui vivent dans le crépuscule et dans l'obscurité de la nuit et n'attirent guère l'attention à cause de leur petitesse et de leurs couleurs peu visibles. Ils sont, par cela même, fort peu prisés par les jeunes collectionneurs ; ils méritent néanmoins une très grande attention.

Les *Pyrales* (Piralis) dont le papillon a, outre ses grandes antennes, de grandes palpes qui se dressent sur sa tête comme des cornes ; les *Tordeuses* (Tortrix) dont les papillons portent de larges épaulettes sur les ailes, dont les chenilles roulent généralement les feuilles en forme de cigare et percent souvent aussi les fruits et les bourgeons ; les *Teignes* (Tinea) dont les ailes au repos couvrent le corps comme un manteau de cour, toute cette microscopique armée du royaume des papillons trame ses entreprises secrètes contre nous dans nos champs et nos bois, les jardins, les prairies, les maisons, les écuries et les granges, dans les habits, les provisions, à tel point que nous savons à peine où nous défendre. Passe encore si tout était dit avec les tordeuses et les teignes, qui sont aisément visibles ; mais comment se défendre contre toutes ces invisibles chenilles tordeuses qui ont roulé avec leurs fils les nombreux parchemins à moitié vermoulus dont on devait faire l'Allemagne unie ? Qui nous débarrassera de ces chenilles et de ces teignes ! Ce n'est certes pas la police.

Parmi les Pyrales de ce pays il faut citer la *Pyrale du colza* (Pyralis margaritalis), qui fait çà et là des dégâts notables. Elle perce dans les cosses du colza et autres crucifères, qui servent à faire de l'huile, de grands trous qui les font ressembler à un fifre. La chenille ne mange que les graines et vit assez longtemps pour percer de part en part plusieurs cosses. Sur la rive droite du Rhin nous avons beaucoup à faire avec ces insectes amateurs de musique, pendant que la rive gauche combat, avec beaucoup moins de succès que contre les Autrichiens, la *Pyrale de la vigne* (Pyralis vitana) ; en détruisant les récoltes des vignobles cette tordeuse menace de calmer sensiblement l'ardeur guerrière des Français et, à plusieurs reprises, elle a terriblement maltraité la patrie de Lamartine, les environs de Mâcon, sans égard pour les embarras financiers du poète. Le papillon vole en août, dépose ses

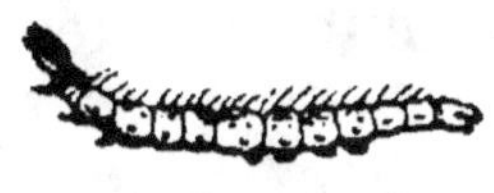

1. Chenille.

2. Chrysalide.

3 Mâle de la Pyrale de la vigne.

œufs jaunâtres en amas sur la face supérieure de la feuille en les recouvrant d'une visquosité à demi-durcie, de telle façon qu'on peut aisément les apercevoir et les enlever. Les chenilles entourent de leurs fils tout ce qui se trouve dans leur voisinage, feuilles, vrilles, pousses ; elles ne font pas encore beaucoup de mal à ce moment, car elles sont petites, ne mangent que le vert de la feuille, et aux premiers froids se retirent dans les interstices de l'écorce et des échalas, où elles passent l'hiver en léthargie. Elles sortent dès le commencement du printemps, tombent sur les bourgeons et se filent en commun des nids destinés à grossir encore et d'où on ne peut pas les faire sortir. C'est à ce moment qu'elles dévastent affreusement les vignes. Le seul moyen qu'on recommande contre ces ravages consiste à récolter les œufs sur les feuilles de la vigne, en août.

Les vignerons allemands ont à souffrir de la *Tordeuse des vignes* (Tortrix uvana) dont la première génération apparaît au commencement du printemps, et la seconde en juillet. Les chenilles du printemps, appelées « vers du foin », à cause de l'époque de leur apparition, mangent, dans les bourgeons principalement, les boutons à fleurs ; celles qui paraissent en automne, à la seconde génération, attaquent les grains de raisin eux-mêmes, les entament et creusent jusqu'aux pépins. Ces grains de raisin attaqués présentent, dans le voisinage du pédoncule, une tache bleuâtre ayant un petit trou par lequel les excréments sont rejetés. La chenille creuse les grains les uns après les autres, les entoure de ses fils, détermine une fermentation et souvent détruit entièrement des récoltes, notamment en Wurtemberg et dans le pays de Bade autour du lac de Constance.

Une autre chenille, la *Tordeuse des pommes* (Tortrix pomonana), très connue à coup sûr de tous mes lecteurs, vit dans les pommes, une autre dans les prunes. Les œufs sont déposés dans les fleurs par les petits papillons. Les jeunes chenilles pénètrent généralement par le haut du calice dans la pomme jusqu'au cœur, en se ménageant au dehors une issue par laquelle elles rejettent leurs ordures, et elles ont un talent tout particulier pour trouver la place où deux pommes pendant l'une à côté de l'autre se touchent, de manière à passer d'un fruit dans l'autre. Les fruits attaqués tombent généralement avant les autres ; la chenille les abandonne à ce moment, se retire dans quelque abri, de préférence dans le bois pourri, et y file un cocon où elle attend le printemps sans changer de forme. L'espèce du prunier (Tortrix nigricana) vit de la même façon sur toutes les espèces de prunes et particulièrement sur les quetches.

Secouer avec soin et enlever les fruits mûrs de bonne heure est certainement le meilleur moyen de limiter les ravages de cet odieux ver.

A tous égards les plus désagréables chenilles, pour ceux qui cultivent les fruits, sont ces insupportables tordeuses qui s'établissent de préférence dans les boutons à fleurs des arbres fruitiers (Tortrix variegana, ocellana, pruniana) ; elles entourent de leurs fils et dévorent à l'intérieur les boutons à fleurs et à feuilles qui ne sont pas encore développés. Chaque arbre a presque son espèce particulière, et il est lamentable de voir une fleur à demi rongée sortir d'un bouton tout plissé et ne pas produire un fruit mangeable, de voir les boutons à feuilles eux-mêmes dévorés, ce qui nous privera au printemps prochain de bois à fruit et de fleurs sur les arbres nains. On peut aisément détruire sur les arbres nains les chenilles au milieu des boutons réunis par leurs fils, mais on est complètement impuissant contre l'ennemi qui réside sur les hautes branches.

Parmi les teignes le *Ver blanc du blé* (Tinea granella) a souvent troublé le sommeil de bien des agriculteurs et de bien des spéculateurs en grains. Les teignes volent surtout en mai et juin, ne déposent leurs œufs que sur les grains en greniers qui sont promptement attaqués par les petites chenilles blanches à la tête brune, au bouclier blanc et lisse. La chenille ne dévore que l'intérieur farineux du grain, l'entoure de ses fils ainsi que ses ordures et jusqu'en septembre, époque à laquelle elle atteint sa croissance, détruit de vingt à trente grains qui sont tous agglomérés par son tissu et entrent en fermentation. Les chenilles se transforment en chrysalides tantôt dans les amas de grains mêmes, tantôt dans les fentes du plancher, où elles recouvrent leurs cocons de bois rongé et ne passent à l'état de chrysalide dans cette coque qu'au printemps suivant. Le seul moyen complètement ef-

1. Chenille de la teigne du blé sur quelques grains réunis par ses fils.

2. Sa chrysalide.

3. Son papillon.

ficace est de dessécher vivement le grain attaqué dans des fours à l'aide d'une forte chaleur qui tue les chenilles et les chrysalides. — « Malgré cela, dit Oken, l'avare marchand de grains juif cherche à gagner là-dessus, et, quoique la teigne du blé soit créée pour le punir en donnant aux grains des ailes pour s'échapper par les lucarnes, ces usuriers ne se font pas conscience de vendre des tas de blé vidé comme du bon grain ou tout au moins de le mélanger, sans réfléchir qu'ils volent l'argent de leur prochain par ce procédé déloyal, et que même le pain infect préparé avec ces grains peut donner des maladies. C'est une espèce de ver du blé dont je n'ai point affaire ; aussi j'en laisserai à d'autres l'étude. »

Quand, à Gœttingue, le père Blumenbach arrivait dans ses leçons aux teignes, il avait le soin d'apporter avec lui une vieille fourrure mangée et de la battre avec une baguette devant ses auditeurs en s'écriant chaque fois : A la porte les non-payants ! Je ne raconte cette anecdote que pour attirer l'attention sur les teignes de la fourrure, des habits, des tapis, des matelas, de la laine, des cheveux (Tinea pellionella, crinella, tapecella, lacteella) qui vivent dans toutes ces matières et les mangent. On ne peut les détruire qu'en secouant, en donnant de l'air, en séchant fortement dans des fours, en saupoudrant de sublimé corrosif ou d'arsenic. Ce sont, en quelque sorte, des avertissements donnés à la manie qu'ont maintes ménagères d'amasser de grandes quantités de ces objets, qui servent moins à l'usage qu'à la vanité ; car ceux qui sont souvent utilisés, lavés, aérés par cela même, ne donnent pas aux papillons le temps de se développer comme il leur convient.

Je ne veux plus citer que la *Teigne de la cire* (Tinea cerella) qui cause beaucoup de dommages aux éleveurs d'abeilles. Son papillon couleur bois tirant sur le gris se trouve généralement sur les ruches, par les fentes desquelles il cherche à introduire un œuf dans l'intérieur, quelquefois même par l'ouverture de la ruche, quand elle n'est pas gardée, tentative dans laquelle, à vrai dire, beaucoup sont attaqués et tués par les abeilles. Les petites chenilles se creusent un chemin dans les rayons, et, quand elles ont atteint toute leur croissance, elles peuvent arriver à la grosseur d'un tuyau de plume. Elles couvrent soigneusement de fils épais toutes les issues et les rayons de façon à interdire aux abeilles l'accès du miel, et elles peuvent être ainsi la cause de la mort des habitants d'une ruche pendant l'hiver. Elles ne mangent que la cire, trahissent leur présence par leurs excréments plats, bruns et dentelés, et sont difficiles à détruire, tandis qu'il est relativement aisé de tuer les papillons et les chrysalides et, tout d'abord, de prévenir leur introduction dans les ruches en rebouchant avec soin toutes les fissures et en rétrécissant l'entrée.

NEUVIÈME LEÇON

Les sauterelles. — La mante prie-Dieu. — Les sauterelles de passage. — Les taupes-grillons (courtilières) ; moyen de les prendre. — Une bête qui se mange elle-même. — L'amour des courtilières. — Les blattes de Prusse, de Russie et de Souabe. — Le perce-oreille (forficule). — Les intelligentes punaises. — Punaises des lits, des ordures et du chou. — Anacréon et la Cigale. — Pucerons. — Les pucerons, vaches laitières des fourmis. — Cochenilles ou Kermès.

Messieurs !

Jusqu'à présent nous n'avons eu affaire qu'aux ordres d'insectes possédant des métamorphoses complètes ou au moins restant un certain temps à l'état léthargique des chrysalides. Tout au contraire, les sauterelles et les punaises, que nous allons considérer maintenant, ne restent jamais en repos, mangent toujours et ne subissent qu'une métamorphose incomplète, car elles acquièrent des ailes par plusieurs changements de peau successifs. Les *Orthoptères* (insectes à ailes droites) se distinguent tout particulièrement des autres insectes par leurs quatre grandes ailes membraneuses. Celles de devant ne sont jamais repliées ; au repos elles sont simplement rabattues sur le corps en forme de toit, pendant que celles de derrière se replient en rayons comme un éventail. La tête de l'animal est généralement munie d'antennes très longues en forme de fil et de mâchoires extraordinairement fortes ; les pattes de derrière sont généralement très allongées et les cuisses souvent grossies de telle sorte qu'elles peuvent faire des sauts considérables. Dans cet ordre nous ne trouvons que des ennemis, car, à la seule exception de la *Mante prie-Dieu* (Mantis), toutes les autres espèces ne se nourrissent que de matières végétales, arrivent souvent en essaims innombrables qui, littéralement parlant, tombent brutalement sur les récoltes ; aussi est-il sage de leur faire, par tous les moyens, une guerre à outrance. Sur ce point, la croyance populaire ne s'est jamais égarée, et ce n'est qu'à l'égard de la mante prie-Dieu, nommée plus haut, que de pieux naturalistes, comme François de Paula-Schrenk, le naturaliste catholique de la Bavière, ont eu des idées toutes particulières. Nous possédons, en effet, dans la France méridionale et en Italie, une espèce d'*Orthoptères* qui s'avance quelquefois jusque dans l'Allemagne du Sud et qui se distingue au premier coup-d'œil des autres insectes de la même famille par sa tête extrêmement mobile et ses pattes de devant d'une conformation toute particulière. Ces pattes préhensiles sont armées d'une lame à dents aiguës en dedans et tranchantes sur la dernière articulation ; comme la lame d'un couteau de poche, elle peut se rabattre sur l'articulation du milieu, également tranchante à l'intérieur. L'animal porte en l'air la partie antérieure et effilée de son corps ainsi que ses pattes préhensiles; il ressemble ainsi à un individu qui prie en levant les mains au ciel. Naturellement aussi, cette bête devait servir d'exemple à bien des sermons. « Le Créateur, disent les Turcs et les naturalistes pieux, l'a donnée à l'homme comme un avertissement pour lui rappeler formellement la prière. Le maigre animal ne

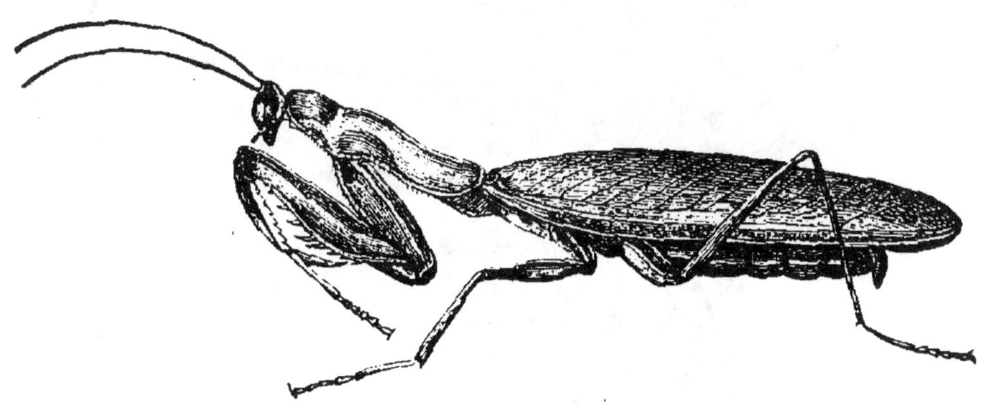

se nourrit que de la rosée envoyée directement du ciel en récompense de sa pieuse vie, mais en quantité seulement suffisante pour lui fournir la nourriture indispensable. L'humanité pécheresse est avertie par son corps maigre et desséché d'ajouter à la prière le jeûne et les macérations, et elle est guidée par cet exemple vivant sur le chemin de la vertu. » Dans la réalité, la *Mante prie-Dieu* n'est qu'un féroce animal carnassier qui guette les autres insectes, les saisit, les coupe avec ses pattes en harpon et se nourrit de préférence de mouches et

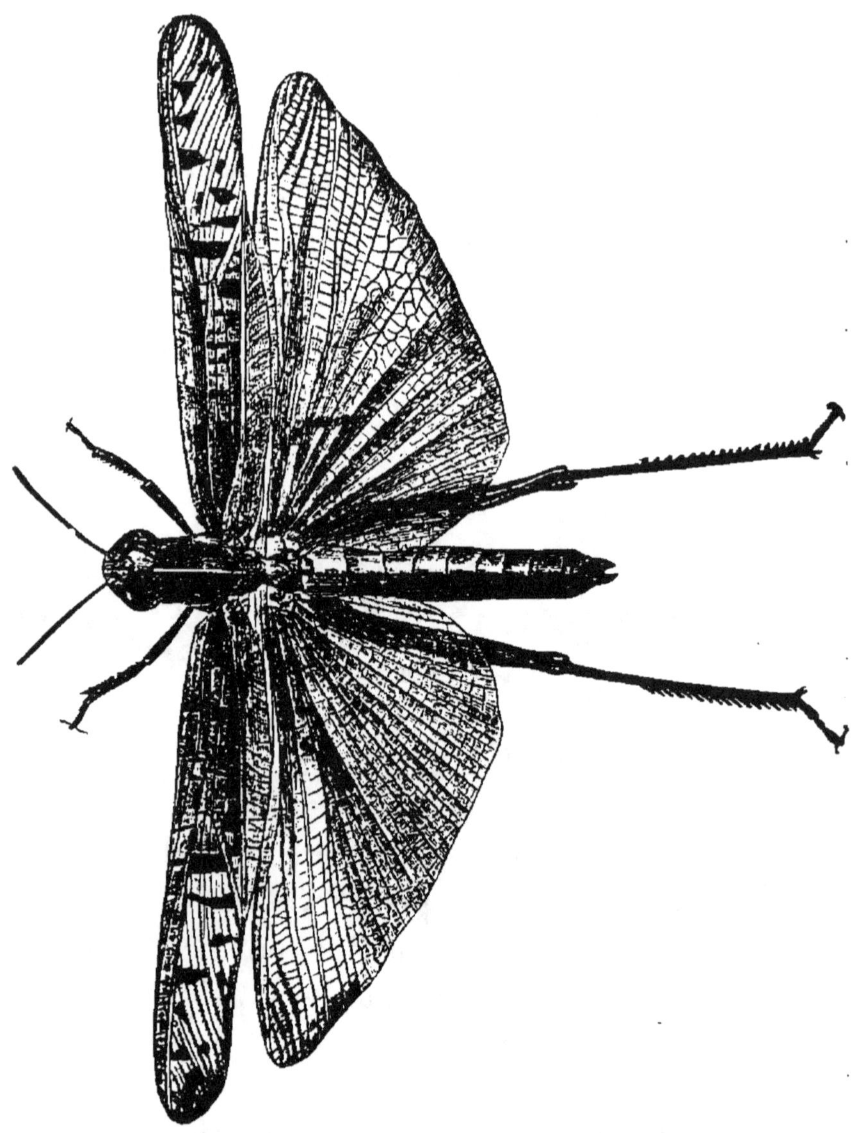

Le criquet de passage quand il **vole**.

de sauterelles, sans même respecter ses semblables
dans la captivité.

Parmi les sauterelles proprement dites, la *Saute-relle* ou *Criquet de passage* (Gryllus migratorius) s'est particulièrement attiré une triste renommée par les ravages qu'elle fait. Sa patrie proprement dite est l'Orient, les plates steppes de la Russie du Sud, les plaines sablonneuses de la Tartarie et de l'intérieur de l'Asie et de l'Afrique. C'est de là que viennent ces innombrables essaims qui, semblables aux hardis Mongols, tombent sur une contrée et la ravagent effroyablement ; le soleil est obscurci par leurs nuées ; non seulement elles dévorent la verdure jusqu'aux racines, mais leurs corps en putréfaction développent des miasmes pestilentiels. Il y a quelques années, dans les gouvernements de Cherson et de Bessarabie, se montrèrent des essaims si considérables qu'ils occupaient une bande de terrain de 60 verstes de long sur 20 de large (la verste correspond à peu près au kilomètre). L'essaim passa le Dniester, dévastant tout sur son passage et s'approcha de la Mer Noire. On rassembla une vraie armée d'environ vingt mille paysans avec quelques compagnies de cosaques qui, pendant trois semaines, tuèrent des millions de sauterelles et poussèrent les survivantes à la mer. Sur ce seul exemple on peut se former une idée des effroyables essaims qui dévastent ces contrées.

On aurait cependant tort de croire que les sauterelles soient renfermées dans l'Orient et qu'une erreur de marche seule les amène quelquefois en Allemagne et en Suisse. Le criquet de passage se rencontre assez souvent aussi bien dans la marche de Brandebourg que dans le Valais, si remarquable par ses particularités zoologiques. Il est à présumer qu'avec une culture moins avancée, et si on revenait quelque peu à l'état tant vanté du moyen âge, nous aurions encore des essaims considérables de ces insectes dans les années favorables. Dans l'étroite vallée du Rhône qui forme la région du Valais, le criquet de passage est un fléau habituel, et fréquemment de petits essaims, traversant le lac, viennent s'abattre à Genève ; pendant douze ans de séjour, deux fois j'ai trouvé de nombreux individus de cette espèce sur la plaine de Plainpalais. On détruit facilement ces sauterelles en les écrasant au moment où leurs ailes ne sont pas suffisamment développées. Mais plus tard, quand elles volent complètement, les traques qu'on pourrait organiser n'auraient que de faibles résultats. La femelle pond ses œufs, enveloppés d'une épaisse viscosité, en groupes de cent environ, dans des trous en terre d'un pouce de profondeur. Elle choisit de préférence, pour faire ce dépôt, les terrains légers et sablonneux qui reçoivent directement la chaleur solaire.

Toutes les autres espèces de sauterelles ont la même manière de vivre et ne causent pas de moindres ravages quand elles se présentent en quantités aussi considérables. Mais, d'ordinaire, le dommage qu'elles occasionnent est beaucoup moins saillant à cause de leur plus petit nombre ; tels sont le *Grillon domestique* et le *Grillon des champs* (Acheta domestica et vulgaris), beaucoup plus insupportables à cause de leur cri désagréable et perçant qu'à cause de leur voracité.

Un hôte des plus désagréables et des plus destructeurs habite nos champs et nos jardins, la *Taupe-grillon, Courtilière* (Gryllotalpa vulgaris), dont les nombreuses dénominations populaires indiquent combien cet animal fait de ravages dans nos cultures.

Ce hideux animal traîne à terre un corps épais ; il a des pattes fouilleuses, larges et en forme de

Taupe-Grillon (Courtilière).

pelle, un long bouclier thoracique semblable à une cuirasse, une tête petite, munie d'yeux rusés et d'une multitude de palpes, d'antennes, d'organes tactiles, de mandibules. Semblable à la taupe, il vit dans la terre, où il creuse, près de la surface, de nombreux souterrains tortueux qui paraissent légèrement soulevés et sont faciles à reconnaître, surtout après la pluie, parce qu'ils sèchent plus vite que la terre environnante. On peut facilement introduire le doigt dans un de ces conduits. Si on continue à y avancer le doigt il est rare qu'on soit longtemps à voir le chemin s'enfoncer en terre; on ne peut pas pénétrer plus avant. C'est l'entrée de son habitation souterraine, composée de conduits lisses, vastes, avec des excavations plus larges, tandis que les chemins de chasse qui se trouvent à la surface ne sont que légèrement soulevés, s'écroulent fréquemment et ne présentent pas trace de parois lisses. Si on veut prendre une courtilière il suffit d'appuyer un peu ferme avec le doigt sur l'entrée de la galerie qui s'enfonce en terre pour qu'elle ne s'écroule pas; on y introduit quelques gouttes d'huile au moyen d'une feuille de chou roulée en tube, ou mieux encore avec un entonnoir en papier, puis on y verse de l'eau. Il faut souvent beaucoup d'eau, deux ou trois arrosoirs, jusqu'à ce que toutes les galeries soient remplies et que l'eau en regorge. Alors la courtilière rampe hors du sol, souvent par le trou même où on a versé de l'eau, souvent aussi par une tout autre issue. Elle se traîne dehors visqueuse, hideusement grasse, à moitié suffoquée; souvent même elle ne possède plus la force de se traîner dehors, souvent aussi elle ne peut qu'atteindre la surface où elle meurt dans des convulsions. L'huile s'est attachée à son corps, a bouché ses trous respiratoires, et elle est asphyxiée, comme un mammifère auquel on serre le cou avec une corde.

Mais n'avons-nous peut-être pas tort de poursuivre la courtilière? N'a-t-elle pas, pendant des siècles, souffert du préjugé populaire, attendant que l'époque actuelle essaye de lui faire rendre justice? Nous ne pouvons certes pas nier que la taupe-grillon tombe avec plaisir sur les proies vivantes ; elle attaque le ver blanc et le ver rouge qu'elle rencontre dans ses obscures galeries. Son extrême et rare voracité lui fait tuer et dévorer les petits et les larves de sa propre espèce. En captivité, les courtilières se déchirent et se dévorent réciproquement, comme les lions de la fable, jusqu'à ce qu'il n'en reste plus que les queues. « Ce que vit mon père, à ce sujet », raconte Nordlinger, « dépasse tout ce qu'on peut imaginer. En bêchant une planche de fleurs dans le jardin il avait, avec sa bêche, jeté dans l'allée une courtilière et l'avait coupée en deux, pensant à tort l'avoir tuée. Lorsqu'un quart d'heure après ses regards se reportèrent sur la courtilière, sa partie antérieure était occupée (peut-être par un sentiment de vide dans le ventre) à avaler avec voracité son train de derrière inerte. » L'histoire ressemble à celle du baron de Münch-hausen [1] dont le cheval coupé en deux par la herse continue à boire de l'eau ; et cependant elle est complètement vraie, car j'ai eu l'occasion de faire de semblables observations. La courtilière ne dédaigne pas la nourriture animale, et beaucoup de ses galeries servent sans doute à la chasse de proies vivantes. Du moins je remarque souvent dans mon

[1] Pendant de Monsieur de Crac dans les contes populaires d'Allemagne et popularisé aujourd'hui en France par Gustave Doré et Théophile Gautier.

jardin que les courtilières font leurs galeries tout
autour des pois goulus et les laissent pousser sans
les attaquer lorsqu'on devrait croire qu'elles les
mangeront. Vraisemblablement elles chassent les
limaces qui dévorent les pois.

Mais cette capacité ou ce désir de tout dévorer
n'empêchent pas du tout les courtilières d'attaquer
aussi les plantes et de les faire périr. Il suffit d'examiner leur estomac pour se convaincre qu'il est en
partie rempli de substances végétales. Du reste
leurs dégâts sur les plantes ne sont point occultes.
Qui veut observer attentivement et silencieusement
le matin ou à la chute du jour peut aisément con-
stater, la bêche à la main, qu'une salade incline la
tête parce qu'une courtilière attaque ses racines.
Elle ne peut pas faire d'aussi grands ravages que le
ver blanc dans les prairies et les champs parce
que, malgré sa grosseur, ses mâchoires semblent
être plus faibles et qu'elle n'attaque les racines des
arbres ou des vignes qu'à la dernière extrémité.
Mais dans les jardins elle est aussi nuisible, peut-
être plus même que le ver blanc; celui-ci mange les
racines par le bas, tandis que la courtilière, par
ses nombreuses galeries, fait périr les semis et
les jeunes plantes en les déchaussant mécanique-
ment.

Les courtilières ont leurs amours. En juin et
juillet il leur prend un besoin particulier de mouvement qui leur fait abandonner leurs trous pendant le jour; elles circulent çà et là sur le sol ou

voltigent lourdement en bourdonnant. Le mâle se place volontiers devant un trou d'entrée et avec ses pattes de derrière joue du violon sur le bord de ses ailes : cela produit un son bas et aigre analogue à celui du grillon des champs, mais beaucoup plus sourd.

D'ordinaire la femelle construit en terre, à un demi-mètre de profondeur, un nid qui se compose d'une boule de terre grosse comme le poing, renfermant une cavité bien lissée de la grosseur d'une noix. L'entrée conduisant de la surface du sol à ce nid est courbée en spirale avec des inflexions nombreuses ; un œil exercé la reconnaît aisément ; aussi est-il très avantageux, dans les endroits où les courtilières font de grands ravages, d'apprendre aux ouvriers à trouver ces nids. Dans la cavité lissée avec soin, la femelle dépose souvent plus de deux cents œufs, puis se tient dans le voisinage, comme si elle veillait sur ce nid. Les petits éclos au bout d'un mois ressemblent à de grosses fourmis ; ils se tiennent encore réunis en troupeaux, et ravagent plus volontiers les endroits gazonnés où on reconnaît leur présence à des places qui deviennent jaunes et se dessèchent. En hiver ils s'enfoncent en terre ; en été ils viennent plus près de la surface. A chaque changement de peau la longueur de leurs ailes s'accroît ; elle est complétée par la cinquième mue. Comme je l'ai déjà remarqué, ils passent, quoique avec beaucoup moins de mal, par presque les mêmes formes d'habillement que l'armée suisse ;

avec les innombrables commissions, rapports des experts, des conseils et des colonels fédéraux, elle est allée de la veste sans basque au demi-frac, à la queue de morue, enfin à la tunique qui, selon Jahn, le père des gymnastes, recouvre les parties les plus importantes du troupier, savoir le derrière et le ventre.

Enlever les nids ou prendre l'animal lui-même au moyen de l'huile et de l'eau semblent les seuls moyens efficaces pour détruire les courtilières. Dans mon jardin, dont le sol léger et riche en humus favorise indéfiniment leurs travaux de toutes sortes, j'ai, par le second procédé, restreint suffisamment leurs ravages. On conseille aussi d'enterrer en automne du fumier de cheval à la profondeur d'un ou deux pieds. Les courtilières, à cause de la chaleur qui s'y développe, s'y dirigent, creusent dans le fumier et, dès les froids arrivés, peuvent y être facilement prises et détruites. Mais il me semble que le moyen aurait plus d'inconvénient que d'utilité, car il doit en résulter que les courtilières, attirées seulement dans le voisinage de l'endroit échauffé, y résisteront plus facilement à l'hiver et feront des ravages d'autant plus certains au printemps.

Ce que sont les courtilières dans le jardin, les *Blattes* ou *Cancrelats* le sont dans les habitations ; des hôtes hideux, répugnants, au corps aplati, velu, dentelé sur le côté. Ils ont de longues jambes barbelées et de fines antennes plus longues encore. Le jour, ils se cachent dans les recoins et les fissures, mais, la nuit, ils courent de tous côtés et rongent tout ce qui peut leur servir de nourriture. Dans l'Europe orientale notamment, leur nombre dépasse toute description. En Russie principalement, non seulement les maisons de paysans et les cabarets, mais encore les hôtels et les demeures de luxe fourmillent de ces animaux à l'odeur repoussante.

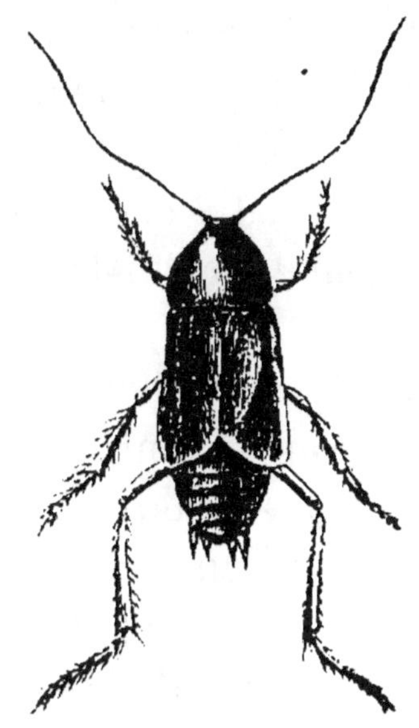

Cancrelat oriental (Blatta orientalis) mâle.

Des amis m'ont raconté que tout d'abord leurs chambres d'hôtel leur avaient paru revêtues de bois de noyer bosselé, jusqu'à ce qu'ils se fussent convaincus que des cancrelats tapissaient la muraille, immobiles l'un à côté de l'autre. Les peuples se rejettent l'un sur l'autre, d'une singulière façon, l'introduction de cette vermine. Les Russes les appellent Prussiens et sont fermement convaincus que la race germanique a voulu jouer un mauvais tour à la race slave en lui envoyant ce parasite. Les loyaux Tyroliens, chez lesquels l'unité de croyance est si profondément enracinée dans le cœur qu'ils exigent, avant tout, qu'on soit catholique pour obtenir le droit de résider dans leur pays, les Tyroliens les appellent Russes, et les regardent vraisemblablement comme des agents de la propagande grecque et hérétique. Les autres populations de l'Allemagne les appellent Souabes, comme si les braves mais malheureux porteurs du ci-devant étendard impérial, entre autres bienfaits, auraient aussi répandu celui-là sur la commune patrie allemande.

Elle est vraiment merveilleuse la multiplication de ces rongeurs de nuit, contre lesquels rien n'est à l'abri, pas même les talons des malades, et que nous trouvons surtout dans les offices, les boulangeries et les magasins à farine. Les femelles ne pondent pas de gros œufs dentelés qu'elles portent longtemps attachés à leur derrière, comme le dit un tout petit livre sur l'histoire des petits ennemis de l'agriculture, livre rempli, d'ailleurs, d'excellentes observations. Les corps relativement gros, jaunes d'abord, puis bruns, que la femelle porte avec elle sont des enveloppes d'œufs, de vrais cocons membraneux qui contiennent 30 à 40 œufs.

Les cancrelats sont très difficiles à détruire dans les endroits où ils se sont une fois implantés ; en lavant souvent à l'eau chaude le parquet, les encoignures, en employant de la vapeur de soufre, de la farine ou du biscuit mélangé d'arsenic, ou simplement en rafraîchissant le local, on peut aisément s'en préserver. Le dernier moyen, surtout, agit parfaitement bien ; car, malgré leur extension dans le Nord, les cancrelats ne redoutent rien plus que le froid et l'air. Laissez ouvertes portes et fenêtres pendant quelques froides nuits d'hiver, et vous les tuez aussi sûrement que les mouches d'appartement.

Je ne dois pas oublier les *perce-oreilles* (Forficula auricularia). Ceux qui ont cultivé ces plantes grimpantes à cloches bleu foncé, appelées par les botanistes Cobœa scandens, doivent se rappeler les soucis que leur ont causés les perce-oreilles. Des centaines se tiennent dans les clochettes, les dévorent complètement, mangent les feuilles, agissent en un mot comme si le Cobœa était leur victime préférée. De plus, ils vont, la nuit, après les fruits, les pétales des roses, des dahlias et des œillets et, faute de mieux, après la plupart des plantes fleuristes herbacées et charnues, comme les pétunias. Le jour, ils se cachent dans les fentes et les trous, et il peut bien arriver parfois qu'un perce-oreille s'insinue dans l'oreille ou le nez d'un dormeur sur le gazon ; mais ce n'est certes que pour trouver un abri. Le chatouillement dans l'oreille doit causer une sensation des plus désagréables, mais il est en pareil cas un moyen facile de se débarrasser de l'intrus. On injecte dans l'oreille quelques gouttes d'huile qui agissent sur le perce-oreille comme sur la courtilière. On prend très aisément les perce-oreilles en pendant, après les espaliers, des cornes ou des sabots creux de chèvres et de vaches. Ils s'y réfugient volontiers.

LES PUNAISES OU HÉMIPTÈRES

Un bec généralement articulé, solide, rond, tubulaire, qui peut d'ordinaire se rabattre sur la poitrine et faire des piqûres très sensibles; quatre ailes, tantôt également veinées et transparentes, tantôt dissemblables, celles de devant étant en partie membraneuses et opaques ; une métamorphose incomplète, des transformations et des mues sans léthargie pendant lesquelles les ailes se forment peu à peu, tels sont les signes généraux qui se rapportent à l'ordre des *Hémiptères* (Rhynchota). Mais dans les détails se présentent des différences si grandes et si notables que ces animaux paraissent assez peu semblables entre eux.

Les *Punaises* ressemblent assez aux coléoptères : leurs élytres sont souvent très solides et ornés de couleurs brillantes et métalliques. Presque toutes sont carnassières. A l'aide de leur bec vigoureux et pointu elles piquent et sucent d'autres insectes et par cela même ont une certaine utilité. L'odeur que la plupart répandent est insupportable ; elle s'attache aux doigts et aux habits, à tel point qu'on a peine à l'enlever. Du reste les punaises paraissent des bêtes très bien organisées et très intelligentes, semblables aux fourmis, à certains égards, avec cette différence qu'elles vivent seules et en dehors de toute communauté. Elles savent utiliser toutes les occasions pour atteindre leur but. Tout le monde sait que la punaise de lit, le plus hideux de tous les parasites, pour sucer le sang du dormeur se laisse tomber du ciel de lit, lorsque le lit est inaccessible pour elle ; elle sait se cacher avec une extrême prudence sitôt que quelque danger la

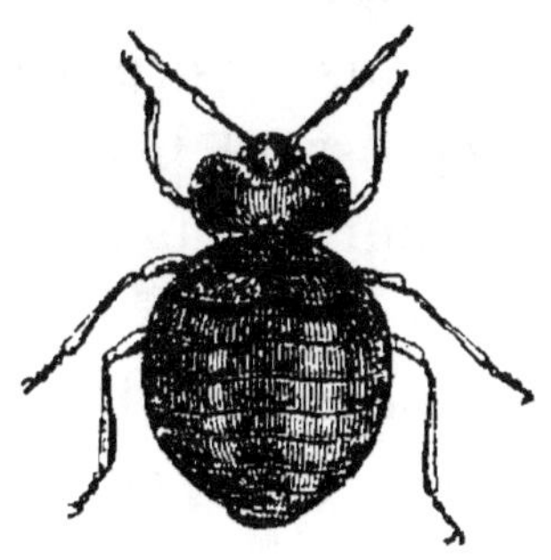

Punaise de lit (grossie).

menace. Chez la plupart des punaises les soins qu'elles donnent à leurs petits sont des plus tendres et des plus durables. La mère garde ses œufs, se place dessus comme si elle voulait les couver ; elle conduit ses petits, qui au commencement n'ont pas d'ailes, comme la poule mène ses poussins, les protège de son corps contre le danger ou les en éloigne en les emportant sur son dos. Les punaises semblent entre elles de meilleure composition que beaucoup d'autres insectes ; mais elles sont dangereuses pour les autres espèces à cause de leur bec venimeux.

Je n'en dirai pas plus long de la *Punaise de lit* (Acanthia lectularia) qui ne porte jamais d'ailes, même à l'état parfait, et qui, malgré les assertions contraires, était maudite par les Grecs et les Romains aussi bien que par les nations modernes. On dit qu'elles habitent en quantités effroyables le nord de l'Amérique, et qu'à New-York, notamment, on ne peut pas toujours s'en préserver avec la plus grande propreté. On a sérieusement proposé de placer dans les chambres, pour chasser la punaise de lit, l'affreux *Réduve masqué* (Reduvius personatus) qui se tient dans les ordures et la poussière, et la nuit, avec son puissant bec recourbé, tombe sur les autres insectes pour les sucer. Je crois cependant que le remède serait pire que le mal, car le réduve sent plus mauvais encore que la punaise de lit, et sa piqûre est beaucoup plus sensible et plus douloureuse. Chez nos voisins de Savoie, dont les étroites vallées en partie inaccessibles ne se font pas toujours remarquer par la plus grande propreté, on semble çà et là croire que les punaises et les puces se font la guerre. Du moins une hôtesse répondait à un de mes amis qui lui demandait s'il n'y avait pas beaucoup de puces dans le lit où il devait passer la nuit : « Des puces ! Y pensez-vous, mon bon Monsieur ? Les punaises les ont toutes mangées ! »

Les punaises qui, dans les jardins et les champs, se nourrissent de plantes, et parmi lesquelles on distingue la *Punaise du chou* (Cimex oleraceus), creusent les parties vertes des plantes et surtout

les feuilles au moyen de leur trompe, de telle sorte
qu'elles finissent par ressembler à un crible et meurent. Souvent même elles piquent aussi les fruits
qu'elles rendent, de plus, immangeables par l'odeur
qu'elles leur communiquent. Outre l'espèce des
choux, j'ai trouvé, à Nice et à Genève, une très fréquente et très nuisible espèce de punaises, dont les
larves entièrement noires tombent en nombre effroyable sur les jeunes plants d'artichauts au point
de les faire souvent périr. J'ai malheureusement né-
gligé de déterminer de plus près et d'étudier plus
exactement les mœurs de cette espèce que je ne vois
mentionnée nulle part. En automne les punaises de
jardins deviennent souverainement incommodes ;
elles cherchent tous les moyens de s'introduire dans
les maisons pour passer l'hiver dans quelque recoin
et empester les meubles.

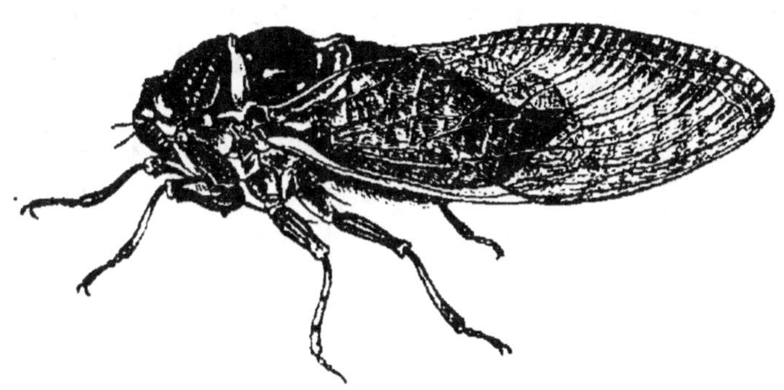

Cigale ordinaire (Cicada plebeja).

Il ne faut pas non plus oublier les *Cigales* parmi
les hémiptères nuisibles. On ne peut pas comprendre
comment les anciens donnaient le prix du chant à

cette insupportable chanteuse avec sa grosse tête, ses gros et larges yeux, ses ailes généralement opaques, qui suce les plantes d'une déplorable façon. J'avoue que ce seul fait m'a donné une idée très peu avantageuse de l'instruction musicale des Grecs et des Romains, car il n'y a pas pour une oreille quelque peu sensible de bruit plus désagréable que le continuel chant en fausset des milliers de cigales qui, en Italie, fêtent l'arrivée du printemps du matin au soir sur chaque buisson, sur chaque arbre. Anacréon a fait, il est vrai, une si ravissante ode sur elles que je ne puis m'empêcher de vous en donner la traduction :

> « Cigale, que ton sort est digne d'envie, quand, suspen-
> « due au bout d'un rameau, et nourrie de quelques gouttes
> « de rosée, tu chantes, heureuse et libre comme un roi !
> « Tout ce que tu vois dans les champs t'appartient, et tout
> « ce que les saisons font naître. Chérie des laboureurs,
> « auxquels tu ne causes aucun tort ; honorée des mortels,
> « auxquels, aimable avant-courrière, tu prédis le prin-
> « temps ; tu es l'amie des Muses ; tu es l'amie de Phébus lui-
> « même, qui t'a donné une voix éclatante. Douée de la sa-
> « gesse, ô fille de la Terre ! chantre inspiré, exempte des
> « maux et des passions, corps aérien, tu es presque l'égale
> « des Dieux ! »

(Traduction d'Amb. Firmin-Didot.)

Virgile les connaît mieux. Selon lui les buissons, pendant l'ardeur du soleil, retentissent du cri aigu des cigales, et il paraît clairement, par l'épithète qu'il emploie, que leur chant n'était pas pour lui **très réjouissant.**

Heureusement que, chez nous, les grosses cigales bruyantes sont rares. Çà et là seulement on trouve sur les ormeaux une grosse espèce dont la larve est munie de pieds antérieurs si particuliers qu'on me l'a souvent apportée comme un animal complètement étranger. Parmi les petits cigales sautillantes il faut citer une espèce d'une ligne de long au plus, jaune soufre pâle, qui est extrêmement fréquente sur les rosiers et troue leurs feuilles à la façon d'un crible (Cicada rosæ), et aussi la *Cercope écumeuse* (Cercopis spumaria) dont la larve suce volontiers les brins de gazon, les herbes des prés et les feuilles des saules et s'enveloppe entièrement de la mousse de ses sécrétions, qui a tout à fait l'air d'une goutte de salive ; c'est ce que le peuple appelle « crachat de grenouille », et quoique cette espèce ne cause pas d'ordinaire de bien grands dommages aux plantes, j'ai déjà vu des saules pleureurs malades de leur multitude. Ces bêtes sont encore désagréables en ce que cette mousse sucrée qu'elles font sortir des arbres tombe si serrée qu'il est impossible de jouir de l'ombrage des arbres sur lesquels elles vivent en grand nombre.

Auprès des cigales se tiennent les *Psylles* ou *faux-pucerons* (Psylla) qui possèdent également des pattes pour sauter. Ils portent la trompe entre les pattes de devant, comme si elle sortait de leur poitrine, et les femelles sont munies d'une grande et forte tarière, au moyen de laquelle elles introduisent leurs œufs dans le feutre ou entre les feuilles des boutons.

Sur les poiriers et les pommiers, notamment, il y a
deux espèces différentes (Psylla pyrisuga et mali)
qui paraissent au printemps et dont les larves et les
nymphes percent et sucent les boutons à fleurs et à

Psylle du frêne (Psylla fraxini).

feuilles ; c'est pour cela qu'ils se contractent, cessent
de pousser, se fanent et meurent ; à cette époque,
ces animaux sont extrêmement nuisibles.

Les *Pucerons* (Aphis), que mes lecteurs connaissent déjà, sont encore plus nuisibles. Des espèces
extrêmement nombreuses se rencontrent sur un
nombre infini de plantes qui, généralement, souffrent
beaucoup de ces parasites. Ce sont de lourds animaux à longues jambes, au corps épais ; leurs ailes
sont transparentes comme du verre, leurs antennes
sont longues, filamenteuses ; ils possèdent d'ordinaire,
à l'extrémité postérieure du corps, deux conduits
particuliers par où ils peuvent sécréter des gouttelettes de jus sucré. Ils se placent sur le dessous des
feuilles ou sur les pousses vertes des plantes en
troupeaux nombreux, et, quand ils les ont piquées
et sucées avec leur trompe longue et droite, ne changent plus guère de place pendant leur vie. Ils offrent
des procédés de multiplication tout particuliers.

Chez la plupart des espèces, deux modes de génération se présentent à l'aide d'individus femelles différents ; les uns mettent au monde des petits vivants sans accouplement ; les autres, au contraire, s'accouplent avec les mâles plus petits et pondent des œufs, qui sont destinés spécialement à continuer l'espèce après les froids de l'hiver. Les mâles ont toujours des ailes. Tantôt les femelles en ont aussi, tantôt elles en sont privées, suivant les espèces, sans qu'on puisse établir une règle fixe. On a observé avec beaucoup de patience la durée des diverses générations qui, pendant l'été, peuvent naître d'un puceron, et on a dû se convaincre que si des ennemis et des causes de destruction de toutes sortes ne limitaient pas continuellement le nombre des pucerons, la progéniture d'une seule femelle vivipare pourrait en un été atteindre des millions ; car chez le puceron du pommier, sur lequel Schmidtberger a fait les observations les plus exactes, il faut d'ordinaire de sept à douze jours pour qu'une femelle nouvellement née commence elle-même à donner des petits, et de chaque femelle naissent de trente à quarante petits en huit jours. On peut, par cette multiplication rapide, s'expliquer comment les plantes sur lesquelles quelques pucerons seulement se sont dérobés à nos recherches peuvent, en très peu de temps, en être couvertes. Du reste, toutes ces générations qui se suivent sans interruption dépendent beaucoup du temps, du soleil, de la nourriture que ces animaux trouvent, et les femelles ailées semblent spécialement destinées à fonder des colonies sur d'autres plantes, tandis que les femelles privées d'ailes sont chargées des soins de la multiplication sur la plante originaire.

Les rapports des pucerons avec les fourmis présentent le plus grand intérêt, comme nous l'avons dit dans une des leçons précédentes. Les pucerons sont réellement les vaches à lait des fourmis, et il y a quelques espèces complètement privées d'ailes, qui vivent sous terre sur les racines et que les fourmis soignent l'hiver avec grand soin ; elles les protègent par des constructions et les traitent en véritable bétail. Comme les colonies de pucerons se tiennent souvent sur la face inférieure de la feuille, ou même dans les excroissances déterminées par leur succion, elles sont assez difficiles à découvrir ; mais si on veut les trouver tout de suite, il suffit de suivre les fourmis, qui ont toujours des chemins frayés conduisant aux colonies de pucerons. Si on observe une de ces fourmis, on la voit aller d'un puceron à l'autre, les caressant avec ses antennes, leur frappant doucement sur le dos, les cajolant de mille manières, jusqu'à ce qu'enfin des conduits à miel de la partie postérieure du corps sorte une goutelette limpide, à la saveur sucrée, que la fourmi recueille avec avidité. Quand elle s'est rassasiée, elle se retire, laissant la place à d'autres qui recommencent le même jeu.

Il n'y a pas de doute que des amas considérables de pucerons, dont le nombre est légion, ne puissent causer de grands dommages. Parmi les plantes fleuristes, ce sont les roses et les géraniums, parmi les plantes utiles, ce sont les pommiers et les groseillers qui, dans les années favorables, sont couverts de pucerons en telles quantités que tous les bourgeons meurent, et qu'on est souvent obligé de retailler la plante aussi bas que possible pour déterminer un turion ordinaire. Ils ont, il est vrai, énormément d'ennemis, tels que les *bêtes à bon Dieu*, les *mites rouges*, les *larves* des *syrphes*, des *bombyles* et des *hémérobes*, les *punaises* généralement carnassières et même la *petite fauvette* et le *roitelet* (Troglodyte d'Europe). Néanmoins les efforts de tous ces ennemis sont peu de chose par rapport à l'effroyable multiplication que nous offrent certaines espèces. Écraser, brosser, arroser ne peuvent jamais arriver à un résultat complet. On a un autre moyen facile : on cherche sur le houblon les larves de bêtes à bon Dieu qui s'y trouvent abondamment, et on leur fait dévorer les pucerons.

L'élément immobile qui se rencontre dans la nature comme dans la race humaine, et qui préfère mourir à la même place plutôt que de se mouvoir, est représenté, parmi les hémiptères, par les *Coccidés* (Coccus). Les recherches sur ces singuliers animaux sont loin d'être complètes, car on n'est pas encore bien fixé sur le point de savoir si une génération ailée, qui est extrêmement petite et qui n'a pas de bec, appartient réellement, comme on l'a cru jusqu'ici, au genre masculin. De plus récentes recherches laissent supposer que ces petits êtres ailés sont plutôt des femelles destinées à transporter les colonies sur d'autres plantes.

On ne connaît bien, à vrai dire, que les femelles en forme de bouclier, immobiles et sans ailes, qui se trouvent sur beaucoup de plantes, notamment sur les rosiers, les pêchers, les orangers, la vigne, le chêne, et qui, par leur forme extérieure, ressemblent tantôt à une lentille, tantôt à un large bateau ou à un bouclier. Par leur couleur brune, ces animaux ont plutôt l'air d'une verrue ou d'une excroissance et, sur les rosiers notamment, sont facilement confondus avec une épine mal développée. Si on examine cette bête immobile attachée à la plante, on voit que la partie inférieure de la

Kermès de la vigne (Cocus vitis) posé sur le tissu cotonneux renfermant ses œufs.

tête possède un bec perçant, si bien introduit dans l'écorce que souvent, pour la détacher, il faut briser ce bec. Ses pattes sont généralement atrophiées et les parties sexuelles extraordinairement développées. Ces femelles ainsi constituées pondent leurs œufs sous elles, et couvrent cet amas d'œufs, comme un bouclier, même après leur mort, qui arrive lorsque la reproduction est terminée. Elles se dessèchent complètement et ne forment plus qu'une petite plaque cornée protégeant souvent des milliers d'œufs. Les petits, qui éclosent au bout de quelques jours, commencent par courir de tous côtés avec vélocité, puis, après plusieurs mues, se fixent, et alors, comme leurs parents, se livrent tout entiers à la multiplication. Plus que toutes les autres plantes, les pêchers, les rosiers, les vignes d'espaliers, les orangers, les citronniers et les oliviers que nous gardons dans nos serres ont beaucoup à souffrir de ces Coccidés, qu'on a de la peine à éloigner au moyen de brossages énergiques et que les jardiniers appellent des tigres.

Note. — Au moment où la première édition de ces Leçons parut, le *Phylloxera des vignes* (Phylloxera vastatrix) n'était pas encore découvert en Europe. En attendant, ce petit insecte est devenu, pour les contrées viticoles, une calamité publique, et les dommages occasionnés par lui se chiffrent par des millions. Il convient donc d'en dire ici quelques mots, destinés seulement à marquer sa place. Les mesures à prendre contre le Phylloxera ne rentrent plus dans le domaine des efforts privés ; elles sont l'objet de conventions internationales et de législations spéciales, dont je n'ai pas à m'occuper ici.

Le Phylloxera appartient à une famille d'insectes intermédiaires entre les pucerons d'un côté et les coccidés de l'autre. Par son organisation générale il ressemble aux pucerons, mais il ne fait pas des petits vivants ; il se propage par des œufs. Les individus non ailés vivent sous terre sur les racines des vignes et pondent des œufs en quantité considérable dont sortent, pendant la plus grande partie de l'année, des individus non ailés, pondant des œufs à leur tour. C'est ainsi que l'insecte pullule sur les racines et fait mourir à la fin la vigne par l'épuisement et par la pourriture des racines sucées. Vers la fin de l'été il se produit une génération ailée, qui sort de terre, voltige et se disperse au loin, poussée surtout par les vents. Cette génération ailée, chargée de l'exportation, pond des œufs de deux sortes, dont se développent des mâles et des femelles, dépourvus de suçoirs et incapables de se nourrir. Ils s'accouplent, et la femelle pond sur les tiges des ceps, dans les fentes de l'écorce, des œufs, fort différents des œufs pondus par les insectes souterrains, protégés par une coque épaisse et attachés par une tige, qui résistent aux froids et sont appelés *œufs d'hiver*. De ces œufs d'hiver éclosent, au printemps, des mères pondeuses, qui descendent en terre et donnent naissance, sur les racines, aux insectes radicicoles, dont une grande partie peut aussi passer l'hiver en une sorte de léthargie. Quelquefois, des mères pondeuses se fixent sur les feuilles de la vigne, et y produisent des galles, dans lesquelles pullule leur progéniture. Mais ces galles, fréquentes en Amérique, sont si rares en Europe qu'on peut les négliger. En tout cas, il y a plusieurs générations produisant des individus différents qui complètent le cycle d'évolution de l'espèce : individus radicicoles produisant, par œufs, d'autres radicicoles et enfin des individus ailés, dont descendent, aussi par œufs, des individus sexuels, mâles et femelles, lesquels, à leur tour, engendrent, par œufs d'hivers, de nouveau des radicicoles.

Les mesures à prendre doivent avoir en vue la destruction des individus radicicoles, des individus ailés, des œufs d'hiver ; elles doivent, en second lieu, empêcher la propagation des radicicoles surtout qui sont transportés par le commerce avec les plantons, avec la terre qui y est adhérente et même par les hommes et les animaux qui ont foulé le sol des vignes infestées.

DIXIÈME LEÇON

Névroptères. — Mouches ou Diptères. — Le sentiment national. — Les blattes en Russie et les âmes mortes de Gogol. — Libellules et demoiselles. — Fourmis-lions. — Mouches de toutes espèces. — Conclusion.

Messieurs !

Le sentiment national est un noble et beau sentiment : il élève le cœur, fortifie notre confiance et la met en action, car il permet de nous sentir tous membres d'une grande famille ayant pour devise : « Un pour tous, tous pour un ». Nous devons accorder des éloges à ceux qui, à l'étranger, portent haut le drapeau de leur pays, défendent ses prétentions, mettent en vive lumière ses qualités.

Mais lorsque ce sentiment national va assez loin pour aveugler sur les vices et les fautes qui se montrent chez les peuples comme chez les indivi-dus ; quand il va jusqu'à nier les faits et deman-der aux autres de les regarder comme faux pour qu'on n'aperçoive aucune tache dans le tableau ; s'il est aussi chatouilleux que le compagnon des feuilles volantes (1) auquel l'index sur le poteau fait

(1) Journal de caricatures dans le genre du *Punch*.

faire la grimace et un saut de côté, il est temps de combattre de semblables écarts. Dans une des précédentes leçons j'ai parlé des blattes et de leur extrême abondance en Russie. Il ne m'est pas venu à l'idée qu'il pouvait y avoir une personne capable de sentir son orgueil national atteint ou au moins affecté par ce fait d'histoire naturelle qu'il y a beaucoup de blattes dans son pays. C'est arrivé cependant. On m'a reproché d'exagérer. Après m'avoir nié tout d'abord l'existence des blattes on assurait que les « Prussiens » ne se rencontraient que dans les plus humbles cabanes, et jamais en telle quantité que je le prétendais.

Il me sera très aisé de démontrer que là où je n'ai pas vu, où je n'ai pas observé par moi-même, je n'ai rien avancé sans un sûr garant. J'ai là, devant moi, le roman de Gogol : « Les Ames mortes ». Au temps de son apparition, ce livre fit en Russie plus d'impression encore, et à plus juste titre, que les « Mystères de Paris », d'Eugène Sue. On s'émerveillait de la vérité des peintures, de la finesse des observations, souvent même de la crudité avec laquelle les choses étaient dites. On reconnaissait et on reconnaît encore généralement que jamais les faces de la vie russe n'ont été peintes avec une égale fidélité, avec une vérité intime aussi dénuée d'indulgence. « Gogol, dit un critique, ne met pas des gants jaunes pour toucher délicatement les blessures ; il frappe, au contraire, comme un ours avec sa patte lourde et jette à la figure du gouvernement et du peuple maintes amères vérités. C'est un ardent patriote, qui aime son pays avec le brûlant enthousiasme d'un Italien et en même temps avec l'opiniâtre persévérance de l'homme du Nord ; mais cet amour ne l'aveugle pas sur les défauts réels. » Maintenant, Messieurs, lisez ce roman véridique et dites-nous qui a raison, de moi ou de ceux qui me contredisent. Le héros de l'histoire arrive dans le premier hôtel de la capitale du gouvernement de***. Le garçon le conduit à sa chambre. « La chambre, dit Gogol, avait l'aspect habituel et trop connu. L'hôtel ne se distinguait en aucune façon du type commun dans les capitales de gouvernement où, pour deux roubles, le voyageur peut avoir une chambre tranquille avec des myriades de cancrelats qui, comme des prunes, pendent à toutes les encoignures. »

Je pourrais vous apporter vingt autres passages semblables, mais je préfère revenir à notre sujet. Le fait d'histoire naturelle subsiste malgré l'orgueil national, et si les Suisses voulaient me défendre de parler du ténia, les Créoles de la chique ou puce pénétrante, les Italiens de la puce, les Islandais des vers hydatides, parce que leur pays en possède beaucoup, il ne me resterait plus à la fin qu'à me taire, comme le faisaient beaucoup d'écrivains politiques au temps de la censure.

Un autre reproche me semble beaucoup plus grave. « Vous êtes, me dit-on, à la fin de vos leçons, vous avez traité de tous les insectes ; pourquoi ne nous parlez-vous pas des *Névroptères ?* Pourquoi, à l'occasion des cancrelats, ne dites-vous rien des Demoiselles et des Libellules qui ont une si proche parenté avec eux ? »

J'avoue que je suis quelque peu en faute ; que j'aurais dû, au moins, mentionner les libellules ; mais je craignais de m'étendre trop, de ne pas pouvoir mener à bonne fin mon projet, de ne pas pouvoir tenir ma promesse, et, comme on dit en langage d'étudiant, de laisser une queue ou d'être obligé de prolonger ces leçons au delà du temps fixé.

Les Névroptères, comme ils sont classés aujourd'hui dans la plupart des livres de science, ne forment pas, en réalité, un groupe naturel. Les *Libellules* (Libellula, Aeschna) et les *Demoiselles* (Agrion) ont plus de rapport avec les orthoptères qu'avec les autres névroptères auprès desquels on les place d'ordinaire. Elles ont, il est vrai, des ailes avec un réseau fin de nervures, mais leurs métamorphoses ne sont pas complètes, quoique leurs larves vivent dans l'eau, et l'insecte complet presque exclusivement dans l'air ; par l'absence de l'état de chrysalide, comme par la structure de leur appareil de mastication, elles sont bien plus près des orthoptères. Tous ces faux névroptères, comme on les a appelés, sont de hardis et fugitifs voleurs dont les larves vivent, dans l'eau, de vers, d'autres larves et même de tout petits poissons, tandis que l'insecte complet, au vol puissant et rapide, prend et dévore, dans l'air, les mouches, les cousins et même les abeilles et les bourdons. Aussi sont-elles beaucoup plus utiles que nuisibles ; elles peuvent rendre quelques services aux habitants des endroits humides en détruisant d'insupportables insectes. Mais à coup sûr nous devons regarder comme utiles quelques véritables névroptères, dont les larves se nourrissent d'insectes ; par leurs métamorphoses complètes ils se distinguent des demoiselles.

En tête se placent les *Demoiselles terrestres* (Hemerobius), ravissantes mouches à quatre ailes transparentes qui, malgré leurs vastes ailes, volent lentement, se reposent partout et attachent leurs petits œufs à la face inférieure des feuilles au moyen

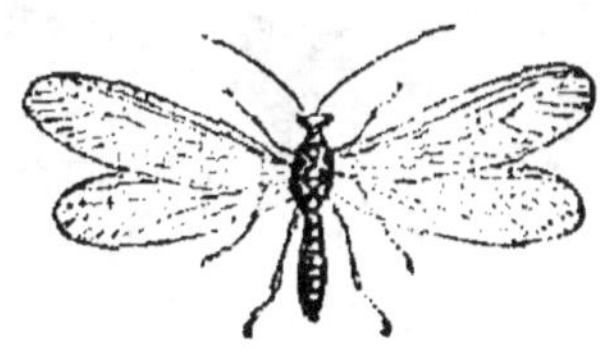

La demoiselle terrestre verte (Hemerobius perla).

d'un fil transparent et extrêmement ténu. Ces œufs ont l'apparence de ces épingles très fines qu'on emploie pour piquer les plus petits insectes ; les larves qui en sortent sont hideuses, ressemblent à des gros poux dont elles ne se distinguent que par un abdomen plus long et par deux longues mâchoires, recourbées et pointues qui, dans toute leur longueur, sont percées d'un canal s'ouvrant dans la gorge. Généralement, ces larves sont fortement enveloppées de poussière ou de leurs propres, sécrétions, qu'elles portent sur leur dos ; aussi n'offrent-elles pas un aspect agréable. Néanmoins l'amateur de jardin

aime leur activité, pour laquelle Réaumur, qui a
étudié leurs mœurs, les appelait *lions des pucerons*.
Dans le fait, elles rampent sur les feuilles au milieu
des pucerons qui n'en prennent point souci, plon-
gent tout à coup dans le corps d'une victime leurs
mâchoires acérées, sucent l'intérieur et rejettent
l'enveloppe. Elles détruisent de la sorte une masse
de pucerons, et dans leur œuvre de destruction
l'emportent de beaucoup sur les bêtes à bon Dieu et
les syrphes.

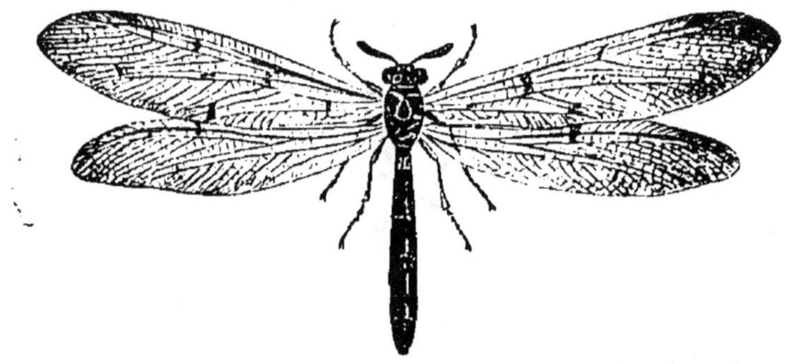

Fourmi-lion.

L'industrie des *Fourmis-lions* (Myrmeleo) est encore plus intéressante. Leur larve au corps large et
court est armée de deux mâchoires creuses en forme
de tenailles qui sont presque aussi longues que le
corps de l'animal. « C'est une singulière bête », me
disait un jour un propriétaire en m'indiquant les
trous en entonnoir qui se montraient en ligne dans
le sable fin d'une allée, tout contre le mur de la maison, et placés de telle sorte que la saillie du toit les
protégeait contre la pluie. « Je les ai longtemps
observées », me disait le brave homme, « et je sais

maintenant tout ce qu'elles font. En ce moment elles restent tranquilles pendant quelques mois tout au fond de leur entonnoir, d'où sortent seulement leurs terribles mandibules, et elles happent les fourmis et les autres bêtes qui tombent dedans. Elles les saisissent aussitôt avec leurs pinces, les sucent et rejettent l'enveloppe vide au dehors de leur trou. Si l'animal ne fait que chanceler sur la pente rapide de l'entonnoir, et s'il cherche à se retenir, elles lui lancent, avec les crochets, une pincée de sable et le précipitent ainsi au fond. Si je détruis ces entonnoirs, en peu de temps elles les reconstruisent de nouveau en imprimant à leur derrière un mouvement circulaire dans le sable, qu'elles rejettent en même temps sur le côté. » Jusqu'ici les observations sont rigoureusement exactes. Mais quant à la transformation en chrysalide, mon homme avait des idées singulières en rapport peut-être avec les rêveries de Swedenborg, dont il était grand partisan. « Quand elles sont restées ainsi une couple de mois, me disait-il, elles deviennent notablement inquiètes, sortent de leurs entonnoirs et courent çà et là sur le sable, aussi vite que le permettent leurs petites jambes. Ces efforts inaccoutumés les mettent bientôt en sueur et, comme cette sueur est visqueuse, les grains de sable adhèrent après elles et finissent par leur former une véritable enveloppe. Elles s'enfoncent alors en terre et se transforment en chrysalide dans ce cocon de sueur. » Ceci n'est pas **exact**.

Le fourmi-lion ne fait que sucer les autres infectes, et il emploie leur suc à la nourriture immédiate de son corps ; la nature ne lui aurait donc donné un anus que comme ornement, ainsi que le disait un jour un spirituel physiologiste, si la partie postérieure de son intestin, impraticable aux aliments, ne lui servait pas d'organe pour filer. Dans le fait, le fourmi-lion, après avoir couru quelque temps avec inquiétude pour trouver un endroit convenable, se file un cocon où il enveloppe des grains de sable, et où il attend sa transformation en insecte parfait, ce qui a lieu au printemps suivant.

Mais je me hâte de passer au dernier et nombreux ordre que nous avons encore à examiner. C'est celui des

MOUCHES OU DIPTÈRES

Il est très difficile de ne pas reconnaître un insecte appartenant à cet ordre. Les deux ailes qui sont attachées au milieu du thorax sont généralement grandes et puissantes ; derrière se trouvent, en guise de rudiments des ailes postérieures, de petits balanciers qui ont tout à fait la forme de ces raquettes dont on se sert pour jouer au volant. La trompe de succion est d'ordinaire molle et possède une extrémité plus épaisse. Les métamorphoses sont complètes depuis la larve sans pieds, que nous appelons d'ordinaire un ver ; elles caractérisent si complétement tous les animaux appartenant à cet ordre qu'avec des recherches exactes aucune méprise n'est possible. Les chrysalides sont aussi toutes particulières. Chez les Cécidomyies, par exemple, elles paraissent si finement travaillées que les organes de l'insecte futur y sont visibles. D'ordinaire, elles ont la forme d'un tonnelet, d'une bouteille ou d'une goutte de verre et sont formées de la peau même de la larve, qui se dessèche et les comprime dans un tout petit espace ; aussi a-t-on peine à comprendre, à la sortie de la mouche, comment elle a pu trouver place dans un si petit tonnelet. Leurs larves sont de vilaines bêtes. Les ordures, la poussière, les matières en putréfaction, les eaux croupies, les mucosités, le pus sont des milieux dans lesquels elles se plaisent, et généralement elles apparaissent en grand nombre là où la putréfaction a été déterminée par une cause atmosphérique ou toute autre circonstance. Les eaux croupissantes et stagnantes fourmillent d'essaims innombrables de cousins, de moustiques, de couturières, qui rendent presque inhabitables les plaines basses de la zone torride, aussi bien que les tourbières de la région polaire. Les matières végétales en putréfaction sont des milieux d'incubation pour un nombre considérable de mouches dont l'armée est conduite par la mouche domestique de nos chambres.

Fidèle à mon programme, je ne vous parlerai pas ici de ces mouches parasites, qui tourmentent les hommes et les animaux, des *Taons* (Tabanus), des

Mouches piquantes (Stomoxys), des *Mouches-arai-
gnées* (Hippobosca), des *Cousins* (Culex), des *Moustiques* (Simulia), ni des puces, qui sont, à vrai dire,
des mouches sans ailes. Toutes sucent le sang des
hommes et des animaux ; les femelles se font remarquer par leur férocité. Je ne parlerai pas non plus
des *Oestres* (Oestrus), qui déposent leurs œufs sur
la peau des animaux et dont la larve vit en parasite
dans les abcès ou dans l'estomac. Nous avons malheureusement, dans le champ qui nous est circons-
crit, encore assez d'ennemis nuisibles.

Les *Cécidomyies* (Cecidomyia) sont des animaux
tout petits, généralement noirs, avec de longues antennes sur lesquelles sont placés des poils hérissés
qui leur donnent de la ressemblance avec les bros-
ses à nettoyer les bouteilles. Tout le monde re-
garderait ces petites bêtes comme inoffensives, et,
cependant, à leur genre appartient la terrible *Mouche hessoise* ou Cécidomyie du blé (C. destructor) ;
jadis, dans l'Amérique du Nord, on avait la folie de
la croire apportée dans la paille par ces malheureux
soldats hessois que leur bon père et souverain vendait, au delà des mers, comme chair à canon, contre
le bon argent sonnant des Anglais. La larve vit dans
l'intérieur de la tige du froment qu'elle a creusée, et
la fait tomber et faner avant la formation de l'épi.
En Amérique, en Angleterre, en Hongrie, des récoltes entières ont été détruites par cette terrible
larve qui, cependant, n'est abondante que de loin en
loin.

Sur les poiriers vivent quelques *Cécidomyies* (C. nigra et pyricola) qui, avec la *Mouche en deuil* (Sciara pyri), détruisent souvent une grande partie de la récolte des poires. Les femelles, à l'aide d'une longue tarière qu'elles introduisent de l'extérieur, déposent d'ordinaire leurs œufs au milieu des boutons à fleurs, avant leur épanouissement. Pendant que la fleur se fane et que le fruit se noue, la larve éclot ; elle fait son trou dans le voisinage du pédoncule et travaille pour pénétrer dans le cœur qu'elle fouille. Les petites poires se fanent, se ratatinent, se gercent et finissent par tomber. La larve sort à ce moment, s'enfonce en terre, où elle passe à l'état de chrysalide, ce qui arrive quelquefois même dans l'intérieur des poires tombées, si elles n'ont pas le temps de les abandonner. Dans certaines années, les poires tombent presque toutes ensemble, et, comme les mouches sont petites et difficiles à remarquer, il n'y a pas d'autre moyen, pour arrêter les ravages, que de recueillir avec soin les poires tombées et de les donner aux cochons, avant que la larve ait eu le temps de s'échapper.

Parmi les mouches proprement dites qui, par la disposition de leurs antennes courtes, à trois articles et munies d'une soie raide, ressemblent aux mouches de nos appartements, nous devons signaler particulièrement la *Mouche des betteraves* (Anthomia conformis), des *oignons* (A. ceparum) et du *chou* (A. brassicæ). La larve de la première perce les feuilles des betteraves et mange la partie verte, réservant les deux pellicules épidermiques. Celle des oignons mange complètement les oignons, au point qu'ils pourrissent à l'intérieur, et celle des choux vit dans la tige des diverses espèces de choux qu'elle fait pourrir. Mais la plus désagréable de ces mouches est, sans contredit, celle du *cerisier* (Ortalis cerasi), qui se trouve à l'état de larve dans l'intérieur des cerises. Il y a réellement des années où l'intérieur de toutes les cerises est fané et gâté, et, sur des centaines, on en *trouve à peine une où ne réside pas un affreux ver blanc-jaunâtre qui creuse la chair pour en sortir, quand la cerise est tombée.* Il se change en un petit tonneau d'où s'échappe, au *printemps suivant, une mouche tachetée* portant des bandes brunes sur les ailes.

Il ne faut pas non plus oublier la *Mouche du fromage* (Piophila casei) dont le ver blanc et ferme se ploie et saute comme un ressort ; beaucoup d'amateurs de fromage le regardent comme une preuve de la maturité du fromage et comme un témoignage de sa qualité. Il n'est vraiment pas nécessaire de combattre cette idée erronée et de montrer que les œufs, d'où naissent ces larves, ont été déposés sur le fromage par une mouche relativement petite, lisse et d'un beau noir, dont les antennes, les pattes et la tête sont colorées en brun-rouge. Une cloche bien hermétique posée sur le fromage empêche complétement l'introduction des mouches et en même temps l'éclosion des larves qui, par leurs ordures, salissent le fromage et, pour cela même, peuvent à bon droit être appelées des bêtes nuisibles. Je ferais tort à l'ordre des mouches (diptères) si je n'indiquais pas, pour conclure, les animaux utiles qu'il renferme.

Les *Tachines* (Tachina), qui ressemblent assez aux mouches de viande, mais sont en général plus grosses, plus velues, ne nous rendent pas de moindres services que les ichneumonides pour la destruction des chenilles. D'un vol excessivement rapide, bourdonnantes, elles circulent de tous côtés dans les jardins, les champs et les bois, déposent leurs œufs sur la peau des chenilles qu'elles poursuivent dans leurs cachettes et occupent ainsi un grand nombre de ces voraces et nuisibles ravageurs. La larve s'introduit dans la chenille, en dévore la graisse, se transforme d'ordinaire en chrysalide dans l'intérieur, ou au dehors dans une sorte de tonneau lisse, d'où sort la mouche au bout de peu de jours. Les *Mouches rapaces* (Asilida) ne doivent pas non plus être oubliées avec leurs grandes ailes, leur courte trompe, toute droite ; d'ordinaire elles ont de vives couleurs. Elles font la chasse aux autres insectes, même aux abeilles qu'elles percent et sucent avec leur trompe.

Mais je signalerai plus volontiers encore les *Syrphes* (Syrphus), ces mouches semblables aux bourdons, aux vives couleurs, avec un gros corps et un abdomen aplati ; semblables à des faucons, elles planent longtemps au même endroit, changent de place tout à coup avec la rapidité d'une flèche et planent

de nouveau sur une feuille sur laquelle elles se reposent à peine pour y déposer un petit œuf, d'ordinaire
rouge jaunâtre. De cet œuf naît rapidement une
larve aux taches et
aux couleurs bril-
lantes qui a presque
la forme d'une sang-
sue, car elle porte,
à l'extrémité posté-
rieure, une large
ventouse, tandis que
l'extrémité antérieu-
re, pointue, est ar-
mée de fortes man-
dibules en forme de
bec. Ces *sangsues
des pucerons* se
nourrissent unique-
ment et exclusive-
ment de pucerons.
Rien n'est plus in-
téressant que de sui-
vre une larve pa-
reille dans ses évo-

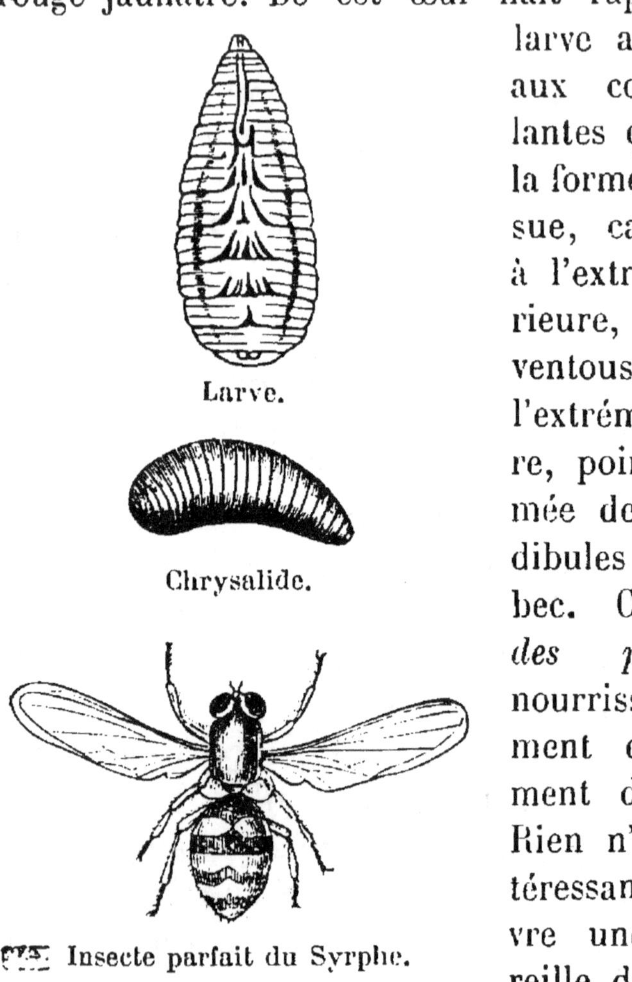

Larve.

Chrysalide.

Insecte parfait du Syrphe.

lutions. Les pucerons passent à côté de leur ennemi
placé au milieu d'eux comme s'il était inoffensif. La
larve se tourne, tâte un instant avec l'extrémité
pointue de sa tête, saisit avec ses mâchoires le premier puceron à sa portée, le suce, laisse tomber la
dépouille vide, se repose un instant et choisit alors

une nouvelle victime. Elle travaille ainsi tout le jour et grossit à vue d'œil pendant que les pucerons diminuent rapidement. Le petit tonneau où la larve se fait chrysalide ressemble à une goutte de verre et se ferme à une extrémité par un couvercle. Avec une si riche nourriture la larve grandit très rapidement ; elle ne reste chrysalide que quinze jours ; aussi plusieurs générations de ces utiles syrphes se succèdent pendant l'été.

Nous sommes arrivés à la conclusion de ces leçons, dont l'espace était malheureusement trop restreint ; je n'ai pu qu'attirer l'attention sur une multitude de faits que la science a appris à reconnaître dans ce champ si étendu. Mais, si la moisson d'observations recueillies par les efforts de tant de gens doit être considérée comme très abondante, ne nous dissimulons pas, d'un autre côté, qu'il y a encore énormément à faire. Sur presque aucun point la série des observations n'a été complétée. Puissent tous ceux qui s'intéressent à cette étude avoir toujours cette idée présente, et, suivant leurs forces, puissent-ils travailler à remplir les lacunes signalées et rendre service à l'humanité même.

TABLE DES MATIÈRES

www.ingramcontent.com/pod-product-compliance
Lightning Source LLC
LaVergne TN
LVHW050220030726
842520LV00002B/601